三
颗
钻

读客®三颗钻人类思想文库

本本都有专家伴读，伴你啃透社科名著！

三、“三个我”与意识、前意识、无意识有什么关系？

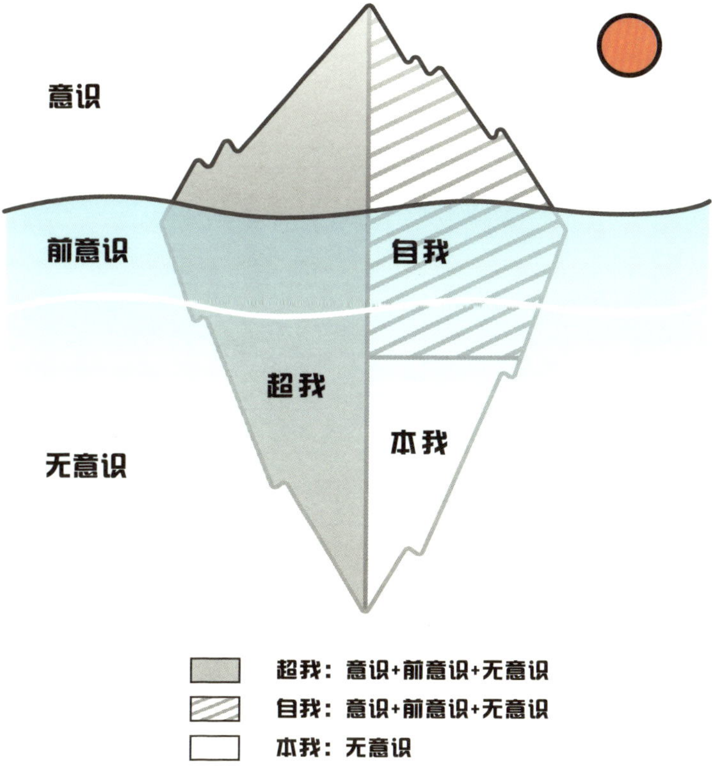

意识

- 位于心理结构最表层；
- 是最直接的感知，比如早上醒来打开窗后，感受到迎面吹来的一阵微风。

前意识

- 介于意识与无意识之间；
- 在日常生活中处于潜伏状态，但可以被唤起，比如一些模糊的记忆；口误、做梦也是前意识在起作用。

无意识

- 位于心理结构最底层；
- 无法直接感知，是被压抑的愿望和情感，比如一些不愿想起的创伤、最原始的欲望等。

Das Ich und das Es

自我与本我

（专家伴读版）

［奥］西格蒙德·弗洛伊德　著
徐说　译

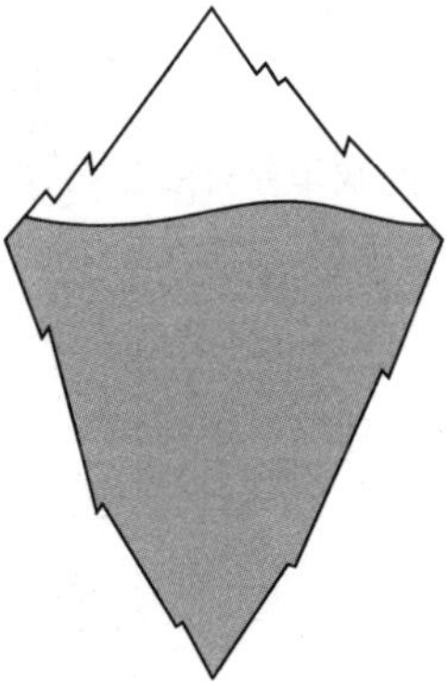

海南出版社
·海口·

图书在版编目（CIP）数据

自我与本我 : 专家伴读版 / (奥) 西格蒙德 · 弗洛伊德 (Sigmund Freud) 著 ; 徐说译. -- 海口 : 海南出版社, 2023.8

（读客三颗钻人类思想文库）

ISBN 978-7-5730-1228-9

Ⅰ. ①自… Ⅱ. ①西… ②徐… Ⅲ. ①精神分析 Ⅳ. ①B84-065

中国国家版本馆CIP数据核字(2023)第128334号

自我与本我：专家伴读版

ZIWO YU BENWO: ZHUANJIA BANDU BAN

作　　者　［奥］西格蒙德 · 弗洛伊德
译　　者　徐　说
责任编辑　徐雁晖　　王金丽
特约编辑　顾晨芸　　王小月
封面设计　温海英　　周　末
内文插图　王佳琳
印刷装订　大厂回族自治县德诚印务有限公司
策　　划　读客文化
版　　权　读客文化
出版发行　海南出版社
地　　址　海口市金盘开发区建设三横路2号
邮　　编　570216
编辑电话　0898-66822026
网　　址　http://www.hncbs.cn
开　　本　880毫米 × 1230毫米　1/32
印　　张　7.5
字　　数　140千
版　　次　2023年8月第1版
印　　次　2023年8月第1次印刷
书　　号　ISBN 978-7-5730-1228-9
定　　价　39.90元

三颗钻
专家导读

直面心灵，遇见内在的自己

李孟潮

1. 导言

从事心理治疗行业的这些年，收到编辑邀请译介弗洛伊德的书也有数次，都一一婉拒了。主要有以下两个原因：

其一，弗洛伊德的著作，翻译也好，介绍也好，难度太大，往往是出力不讨好。别的不说，就其行文逻辑而言，既如博尔赫斯的小说《小径分岔的花园》，又如科幻电影中的多重宇宙故事线，时不时要烧坏读者的“CPU”（中央处理器）。

其二，弗洛伊德的作品在由德文翻译为英文的过程中，产生了较多差异。这种差异让有些人产生了微小差异的自恋[1]，动辄因为微小差异就把译介者送上“审判席”。

[1] “微小差异的自恋”指的是当两者实际差异很小时，人们会通过自恋式的夸大差别来强调自己的独特性。

时至今日，我开始回顾，对当年的自己——青年时期的李孟潮进行了心理分析，发现现在我的这两大理由都发生了改变：

其一，出力不讨好的关键在于你想要讨好别人。人生苦短，“出力”本来就够辛苦了，还要去讨好别人，岂不是苦上加苦？只要自己出的这把力气，对得起头顶的星空和内心的理想就好了。

其二，微小差异自恋者真正讨厌的，是自己既非无所不能又非无比可爱。我们可以培养自己“被讨厌的勇气”，对无能和丑陋的自己充满无条件关爱。

所以，这次我欣然接受邀请，为《自我与本我》一书写导读和全书伴读。

本书收录了《超越愉悦原则》《群体心理学与自我分析》《自我与本我》三篇文章，阅读它们的意义在于“悟道”，帮助读者直面自己的心灵：心灵从何而来？心灵如何构成？心灵如何发展，去往何方？当我们了解了心灵发展的来龙去脉后，就会具有四种积极的心态，分别是理解、接纳、放松和平静，可以静观内心世界爱恨情仇，笑看外在世界风云起伏。

我们可以简单总结书中三篇文章的悟道意义：

《超越愉悦原则》让人领悟到生死相随，生之本能和死之本能是生命内在的两种力量。人们经常求生得死，向死求生，逐乐而死，所谓“不作不死”。比如我们会看到一些人美食成瘾，成瘾背后其实是弗洛伊德所说的“死之本能”在起作用。从这个角度看，美食不单单是愉悦的来源，更可能导致死亡。

《群体心理学与自我分析》让人领悟到群体愚蠢而疯狂，而自我又必须认同群体而苟且偷生。比如现在很多上班族每天加班加点工作，久而久之，大家发现班是加不完的，但是领导和周围的人都在加班，处于群体中的个体只能跟着加班。直到了解了群体与自我的关系，大家才突然发现，自己之所以埋头加班，是因为自己从来没有质疑过群体。意识到这一点后，有的人很快就看清了群体的疯狂和愚蠢，产生了弗洛伊德式的领悟，看到了天天加班其实更多的是在屈从于群体的意志。

《自我与本我》让人领悟到自我是个傀儡，必然充满内心冲突，焦虑不安。万一有朝一日你发现自己的自我不焦虑、不冲突了，那就出大问题了——要么是你超脱了，要么是你生病了。

生活中，我们也看到，有的人虽然生活优渥、职场得意，但是仍然时不时感到焦虑。这种焦虑不安的状态，既有《超越愉悦原则》中谈到的问题，也有《群体心理学与自我分析》中谈到的问题，还有《自我与本我》中谈到的问题。更重要的是，读者阅读完本书后会发现，只要我们有弗洛伊德说的心灵结构，就必然会有焦虑，而我们的苦恼来自我们天真地期望自己没有焦虑。

可以说，正是本书收录的三篇文章帮助弗洛伊德建构了精神分析元心理学，后来的心理咨询师通过学习这三篇文章的内容，帮助了大量病患，完成了心理治疗—心理咨询—心理分析这三个阶段的成长。所以它们被称为弗洛伊德元心理学模型“老三篇”。当然，它们既值得心理咨询师研究，也适合非专业读者提升心性。为了协助读者更好地消化这三篇文章的内容，本书导读和伴读都期望以较为简单、直白的方式，来总结相关内容。

导读既超出本书这三篇文章的内容，总结了弗洛伊德本人其他著作中的心性论，又超出了弗洛伊德本人的理论，总结了弗洛伊德的后继者们的心性论，尤其是发展心理学的部分。这些内容可以浓缩为“一图一表四口诀”：

“一图”就是图1的“精神分析心理结构冰山图”；

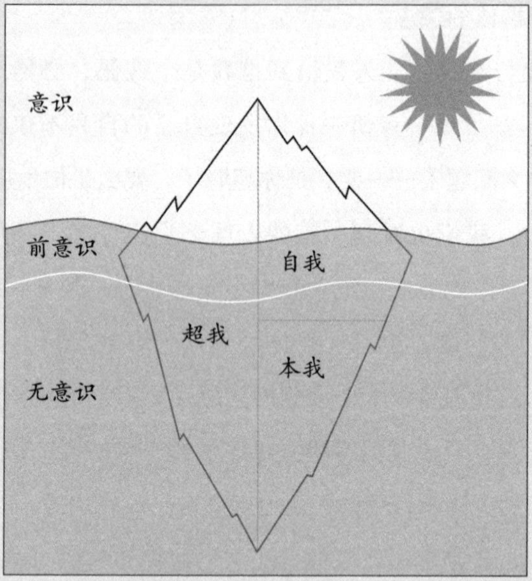

图1　精神分析心理结构冰山图

“一表”就是后文表1展示的“心性发展表”；

“四口诀”则是“两大本能三个我，三层意识四原则，四大功能百防御，自体客体八阶段”。

下面我们来详细解释这些内容。

2. 两大本能：生之本能和死之本能

本能是驱动生命变化的能量。所有的本能都可以被归结为一个名称，即“生命本能”。因为我们大部分人会把生命和死亡截然分开，所以生命本能对我们又展现为两个面向，分别命名为“生之本能”和“死之本能”。

驱动心灵走向发展成长的叫作生之本能，驱动心理生命走向死亡和分解的叫作死之本能。生之本能相当于图1中的水，死之本能相当于图1中的太阳和天空。

生之本能的能量也称为情欲（力比多），指向成长学习、与人连接、养儿育女，生命能量会不断增加；而死之本能，则是有机体能量归零的倾向，指向毁灭和死亡。生之本能和死之本能相反相成，矛盾统一，演化出大千世界。它们的存在，决定了生命的基底就是矛盾统一的。这和辩证唯物主义的矛盾统一律不谋而合。

生之本能的驱动形成了各种各样的爱，所以生之本能也被称为爱本能。按照人生的八个阶段，它分别变迁为自恋之爱、控制之爱、三角之爱、学习之爱、浪漫爱情、名利之爱、家国之爱和宇宙之爱。这八种爱，相当于八部与爱相关的电视剧，每天都在我们的生活中上演。让大家谈虎色变的煤气灯效应、PUA（精神控制）、巨婴之爱等，就属于“自恋之爱”和“控制之爱”这两种爱的混合。

我们说死之本能犹如太阳，太阳对冰山的作用，就是让冰山融化、消失。更加准确地说，死之本能是水分子内在的一种特性，这种特性让水在遇到热量时就会蒸发、消失，水分子的化学键也会断裂，最后变成两个氢原子和一个氧原子。

在《超越愉悦原则》中，我们可以看到弗洛伊德使用了当时细胞学的各种论据，他试图提出，死之本能既不是人类特有的，也不是哺乳动物特有的，而是从单细胞生物开始就具有的生物学特性，比如分解代谢。

科幻小说《三体》里面的外星人和地球人，显然都没有认真读过弗洛伊德的这篇名著。他们那么恐惧死亡，那么贪恋生命，不具备被弗洛伊德分析过的精神分析头脑，对死之本能的态度，并未产生弗洛伊德式的超脱感，相反产生了“死神永生”的自恋幻想。

3. 三个我、四原则以及四大功能百防御

“三个我”是指人格分为自我、本我、超我三个部分。“四原则”是涅槃原则、愉悦原则、现实原则和道德原则。“四大功能百防御”则是自我的功能，用于调整三个我和四原则的冲突，达到心灵的辩证平衡。

本我相当于图1冰山最下面的部分，它是生之本能和死之本能的储存库，包括各种本能的欲望，尤其是人类道德不允许浮现的本能意象和幻想，比如乱伦和杀人。乱伦是误入歧途的爱本能，杀人则是走上邪道的死之本能。

这听起来虽然吓人，但是在心理治疗的空间里，我们经常听到个案有这一类幻想，尤其在梦中。在本书中，读者们基本看不到临

床案例和案例片段，因为弗洛伊德默认读者已经具有丰富的临床经验了。这方面的内容大家可以参考一下弗洛伊德的案例集。

本我运作遵循两个原则，即死之本能原则和生之本能原则。死之本能原则又被称为“涅槃原则”，就是让能量归零、万物寂灭的原则；生之本能原则又被称为“愉悦原则”或者“快乐原则”，这个原则可以理解为“怎么快乐怎么来”，就像你问一个小孩子生命的意义是什么，他十有八九会说他为了快乐而活。

本我，更接近人类的兽性；超我，则可以被比拟为人类的神性。超我，顾名思义，是“超越于我的东西，在我之上的东西”，它包括两个方面，一方面是自我理想，另一方面是道德禁忌。本我的生之本能和死之本能相生相克，超我的两个方面也一样。比如王阳明的理想是做君子、做圣人，那么相应的道德禁忌就是严防死守，让自己不要变成小人。君子和小人，就构成了王阳明理想和禁忌的两极冲突。超我的运行，遵循的原则就是“道德原则”。

人生如果只有兽性和神性交战肯定不行，所以我们还有一个部分，叫自我，它体现了我们的“人性”。自我是介于本我和超我之间的部分，首先，它要想办法满足本我的欲望，可以说前半生在满足生之本能，后半生逐渐满足死之本能；其次，它又要满足超我的要求，做一个道德的人；最后，它还要不断地搜集、判断外界（客体）信息，从而达到本我—超我—客体三方面的利益平衡。

由此，自我的工作原则又被称为“现实原则”，也就是说，自我要达到的最终目标，是“从心所欲不逾矩”。孔子七十岁时，他的自我功能达到了这个目标，这是让以弗洛伊德为代表的分析师们很满意的，他们可以宣布孔子的精神分析圆满成功，可以结案了。

自我的功能如此重要，我们在本书中可以看到，弗洛伊德甚至认为精神分析的过程，就是强化自我功能的过程。自我功能就是我们口诀里面说的“四大功能百防御”。四大功能，是指自我具有感知觉—直觉、情绪—思维这四大功能。自我通过感知觉采集当下的信息，通过直觉获得关于未来的信息，然后通过情感和理智来判断信息，情绪把获得的信息贴上“爱”或者“恨”的标签，而思维则思考如何处理爱或恨的信息，如何实现爱恨情仇。

在表1中，我们看到既有爱的情感连接的关系配对，也有恨的情感连接的关系配对。思维功能就要来判断和谋划，以及设计路线，在前半生让充满爱的情绪的配对得以实现，让恨的配对被压抑；到了后半生则相反，让人们充满中老年人正常的停滞感和悲凉感，从而愿意退居二线。

“百防御”，是指自我具有上百种防御机制，用于调节各种冲突，调节心灵各个成分的辩证平衡和失衡。表1列出了这些防御发展的部分内容。

4. 三层意识：意识、前意识、无意识

我们看到图1中，根据大多数人的觉知和注意力，将心理活动分为三个层次，构成了意识、前意识、无意识三个世界。我们能够一大早醒过来就注意到的心灵内容，就像是图1中的海面、天空，

这部分被称为意识。与之相对的，是海底深处、冰山下端几乎从来不浮出海面的部分，这部分属于无意识。它包括个人无意识、社会无意识或文化无意识、集体（演化）无意识，还有宇宙无意识。

个人无意识是指个人意识不到的东西，比如，我们大多数人都认为自己是个好人，意识不到自己贪财好色的一面。个人无意识，包括生命里经历过的创伤、青春期之前的各种情结。对个人无意识的分析，能让人疗愈创伤，放下情结。比如孩子的学习情结，往往来自爸妈自己的学习情结，他们在望子成龙、望女成凤的中年期耽误了孩子们的青春。在分析的过程中人们要能允许这些禁忌浮出海面。

个人无意识是属于冰山本身的冰块，社会无意识则属于围绕着冰山底部的冰水。宇宙无意识是指构成宇宙的时间和空间。弗洛伊德在这方面做了一些最早的研究，他发现的无意识中是没有时间的，在本书中，他也谈到自我形成了时间感。近年来，随着时间心理学的发展，人们对时间有了更多的理解，分析一个人时间观的形成，可以帮助个案更好地应对死亡焦虑。

随着海平面波动时而浮上来、时而沉下去的部分，就叫作前意识。比如说梦境，大部分梦境是意识觉知力抵达不了的，它属于无意识。但是你刚刚睡醒的时候，可以记住一个梦境的很多片段，那么这些片段就进入意识了。可是过了一会儿，你忙于上班，又忘记了这个梦境，这时候你的意识领域中就没有这个梦境了。下午五点钟，你下班后和心理治疗师进行远程对话，治疗师问你："昨天又做梦了吗？"你就突然想起来早上那些梦的片段，这时这些梦的片段就被从前意识层面提取出来。

5. 自体—客体与心性发展

图1是一张静止的图，它没有展现时间变迁、人生发展对冰山、大海和天空的影响。所以我们还需要“心性发展表”（见表1），它把人生的发展分为八个阶段，这来自埃里克森等人的发展心理学。下面简要介绍此表内容。

表1 心性发展表

发展分期	本我发展1（生之本能意象变迁）	本我发展2（死之本能意象变迁）	自我发展（防御机制）	超我发展1（自我理想）	超我发展2（道德禁忌）
婴儿期	慈爱母亲—信任婴儿	死亡母亲—恐惧婴儿	战、逃、僵、讨好，自恋性认同，分裂	信任婴儿	利己主义
幼儿期	规训父母—自主幼儿	操纵父母—害羞幼儿	投射性认同	自主幼儿	逃避惩罚
少儿期	相爱父母—主动小儿	敌对父母—内疚小儿	压抑，部分客体认同	主动小儿	乱伦禁忌（利益权衡）
少年期	民主老师—勤奋少儿	独裁老师—散漫少儿	转移、象征化，超我认同	勤奋少儿	他人中心
青春期	欣赏长辈—浪漫少年	功利长辈—空心少年	理想化、幽默，自我身份认同	浪漫少年	遵纪守法
青年期	关爱社会—有爱青年	冷漠社会—隔绝青年	升华，人格面具认同	有爱青年	社会契约
中年期	感恩家国—繁衍中年	吸血家国—停滞中年	利他，家国认同	繁衍中年	普适价值
老年期	抱持宇宙—统整老人	无情宇宙—绝望老人	自性原型认同	统整老人	超越道德

首先是爱本能的发展，人生的八个阶段展现为八种爱的需求，分别是安全需求、归属需求、被爱需求、求知需求、求美需求、尊重需求、自我实现需求、超自我实现需求，这八种需求主要来自心理学家马斯洛的需求层次论，有一些细微的调整。这八种需求分别被满足，就表现为八种爱的形式，分别是自恋之爱、控制之爱、三角之爱、学习之爱、浪漫爱情、名利之爱、家国之爱、宇宙之爱。相反，如果这八种爱没有实现，死之本能就会被激活，试图消解这八种爱带来的自体—客体关系。

自体—客体关系配对，在弗洛伊德时期只是有所萌芽，正如我们在本书中看到的一样，虽然弗洛伊德也经常用“客体”这个词，但是自体和客体有什么关系他没有详细论述，这是后来者通过百年历程才总结出来的。

我们需要简单地描述一下这两个概念。自体，是所有在我们心中称为“我的东西，我的本能欲望、我的真我和假我，我的理想和禁忌”，所以可以说“自体＝本我＋自我＋超我”[1]，而所有被称为“你、他、她、它”的东西，都被称为客体。自体与客体通过强烈的情绪互动，也就是强烈的爱和强烈的恨，联结形成自体—客体关系配对。在表1中，我们列出了八个阶段常见的十六个自体—客

[1] 精神分析有小自体、大自体和自性三种形式，它们都被写为英语的self。小自体是指范围较小的自体，相当于本我、自我、超我中的自我（ego），也就是说，有些人在写self的时候，self = ego，但是也有些人认为self = ego + id + super-ego，这就是大自体，包括了自我、本我和超我，我们这里采取了大自体的定义。荣格学派的人把self的首字母大写，变成“Self”，这个词被翻译为“自性”，它有两个含义，一是代表着人格的中心，二是代表着心灵世界的全部。简单地说，自性＝自体＋客体＋万物＋宇宙。

体关系配对。

自体—客体关系配对，相当于冰山和大海中冰水的关系。任何人都知道，冰山和冰水可以相互转换，自体和客体也一样，那么，是什么机制在主宰它们相互转换呢？那就是各种防御机制，尤其是分裂、投射与认同这三种基础防御。这些基础防御，又在人生进程中辩证组合，演化为上百种防御。

为什么自体—客体配对那么重要，无所不在呢？有这么一个比喻，我们的人格相当于一幢大楼，有些楼层是自我，有些楼层是超我，有些楼层是本我，而自体—客体关系配对，则相当于构成这些楼层的砖块。如果楼歪了，我们当然要把砖块拆了，重新修整，所以自体—客体是精神分析性心理治疗的切入点。

接下来，我会用一些篇幅来讨论表1中的八个阶段发展：

第一阶段为婴儿期：在人生的第一阶段，生之本能和死之本能的冲突对立演化出人内心冲突的第一个层次，就是安全感与怀疑感的冲突。这时候生之本能演化出来的第一个需求，就是安全需求。[1]如果母亲能够提供给婴儿客体之爱，婴儿就会感受到安全和温暖，他会是一个信任人类的婴儿。

当母亲缺席的时候，婴儿内心就会充满恐惧，死之本能被激活，在婴儿脑中留下记忆，这个恐惧的婴儿倾向于把母亲记忆为一

[1] 马斯洛时代的人们把生理需求与心理需求截然分开，还会把物质和意识截然分开。随着现代神经心理学的发展，这样的假设已不再受到支持。对人类来说，生理和心理可能就是合为一体的。我们不能确定，大脑是否在被动地接收外在世界，或者说是大脑的功能构建了外在世界。这方面可以参考《从内向外解析大脑》（*The Brain from Inside Out*）等书。

个死亡的母亲。在小说《香水》中，就描述了工业革命初期，一个法国母亲如何逐渐变化成了死亡母亲，而一个婴儿，如何沿着死之本能的路线生长发育。

这个阶段的婴儿想要活下去，爱本能投注的关系配对（慈爱母亲—信任婴儿）必须超过死之本能贯注的配对（死亡母亲—恐惧婴儿）。为了让爱本能超过死之本能，婴儿会使用四大防御机制来应对各种外在威胁。

第二阶段为幼儿期：幼儿开始被训练排便，有些幼儿已经被训练分床独立睡觉了，其不再是一个躺着被喂养的婴儿。相反，随着直立行走和初步的语言形成，幼儿开始探索世界并且表达自己的不同意见，有时候甚至会和大人争吵。

这个时期的自我，在分裂的基础上，会开始连续使用投射＋认同这两个防御机制，幼儿会把内心的自体和客体投射到外界，然后再模仿认同回来。这时候幼儿的道德水平，在于逃避来自父母的惩罚。

第三阶段为少儿期：这个时期，幼儿形成了主动感和内疚感的冲突。主动是指一个人可以主动地寻求被人爱。对小女孩来说，主动主要是指她主动寻求被爸爸爱；内疚是指当她主动寻求被爸爸爱时，尤其是她想要独占爸爸的时候，她发现妈妈被排斥了。

所以，如果在这个家庭中，爱本能超过死之本能，那么小女孩会主动地寻求其他人的爱，会积极努力地学习，成为妈妈那样的女人，期望长大后嫁给爸爸那样的人。她的自我这个时候还学会了压抑和克制自己的欲望和需要，乃至无意识地遗忘自己曾经压抑和克制的欲望。这时候她的超我开始理解和遵守乱伦禁忌。

第四阶段为少年期：少年期的爱本能变形为求知需求，具体表现为一个人爱学习、会学习、能学习。他认同自己是一个勤奋求学的小孩，在他的心中，重要的客体也发生了变化，从以前的父母转移到老师，从以前的兄弟姐妹转移到同学，所以我们看到有的小孩会把老师叫成父母，和同学形成不是兄弟姐妹却胜过兄弟姐妹的关系。

第五阶段为青春期：青春期的内心冲突，主要是角色稳定与角色混乱的冲突。角色稳定，是指一个人在青春期结束时，形成了稳定的身份认同。知道“我”是谁，知道“我”应该如何择友、择业、择偶。一个人如果能具有稳定的“青春三择”，那就表明其本我、自我、超我达到了平衡稳定状态。其中本我的爱本能，在青春期首先变化为澎湃汹涌的性欲，在和超我的理想和禁忌协商后，性欲也被升华、转化为求美需要。也就是说，在青少年的心中，在朦胧的性爱婚姻观中，自己的理想伴侣、理想朋友和理想事业都是美好无限的。与此同时，我们也知道，青春是残酷的，不少精神疾病都在青春期露出苗头。

第六阶段为青年期：青年期的爱本能，变化为一种亲社会的需求——求尊重。它分为被人尊重和自尊两个方面。一个人要是从小感受到了来自客体关系“六老”——老爸、老妈、老板、老师、老公／老婆、老小（小孩）的尊重，这些足够的“他尊”，可能就被内化为“自尊”，从而他就会感觉整个社会充满爱与自由。但是如果这个社会给他留下的印象相反，那他就会认同自己是一个与世隔绝的青年。

这个时期的内心冲突，在于如何整合自体与社会的亲近感和隔绝感。他需要学会的防御机制是升华和人格面具认同。升华，是指把爱本能和死之本能，以各种不太有性欲化、不太有攻击性的方式表达出来。在超我发展这方面，他应该具有道德推理和道德反思的能力，比如他开始理解，法律是一种社会契约，而非铁板一块。

第七阶段为中年期：在人生的前五个阶段，一个人生活的客体世界，可以用客体关系“六老”来总结，这所有的客体都是形象客体，都是人类客体。

随着人近中年，“客体”增加了三组抽象的客体，分别是社会、家国和宇宙。在爱本能的驱动下，自体认同一个具有繁衍生息感的中年人，他想要在进入老年之前，让自我的潜能得到充分发挥，即所谓自我实现的本能。而在相反的情况下，他会认为他的客体世界充满了“吸血鬼”。

有一部分中年人的超我中的道德可以发展到“普适价值”水平，但研究发现，只有少数人能够稳定地留在这个阶段。

第八阶段为老年期：老年人要整合内心冲突的最后一个层次——迎接死亡，整合绝望感与统整感。一个人如果没有整合前七个层次的冲突，就会非常留恋人生，对世界万物产生一种贪婪的执着，不愿意退休，也不愿意放手。与之相反，一位豁达的老人则会拥有笑看风云的心态。

后者心中认同“自性原型”，自性原型就是“道”。而一个认同了宇宙大道的人，在远离“有情”和“无情”的二元对立后，自然也就超越了人类社会，超越了道德。

6. 结语

弗洛伊德的这三篇文章写于1920—1923年。1920年，他已64岁了。不过他的心似乎还处于繁衍中年的状态，他笔耕不辍，仍在不停工作，以应对第一次世界大战后的通货膨胀。为了保证自己的生活质量，他还在国内外四处筹集物资，丝毫没有遵守孔子老年“戒之在得”的超我教化。

后来，西班牙流感袭击了他疼爱的女儿苏菲。27岁的苏菲不治而亡，留下两个孩子。悲痛不已的弗洛伊德在沮丧之中出版了《超越愉悦原则》。没想到，3年后苏菲的儿子——弗洛伊德最喜欢的外孙又死于结核病。

死亡犹如烈风，把弗洛伊德出版《自我和本我》带来的愉悦吹得无影无踪。就在此时，67岁的弗洛伊德又被诊断出癌症。从此，他向死之本能敞开自体的歧义，爱欲也终究止步于时间的荒芜。他的前半生致力于开辟心理学的新领域，惊愚骇俗，从而招惹毁谤；后半生终于明白刚柔得中，物无不济之至理。可以说，贯穿他一生的，是他对人类心灵的不断探索，是他对个体生命意义的追寻。

参考文献

［1］布莱克曼. 心灵的面具：101种心理防御 [M]. 毛文娟、王韶宇译，郭道寰审校. 上海：华东师范大学出版

社，2011年.

［2］GREEN C D. Where did Freud's iceberg metaphor of mind come from? [J], History of Psychology, 2019, 22(4): 369–372.

［3］萨夫 D. 性与家庭的客体关系观点 [M]. 李迎潮、闻锦玉译，李孟潮审. 北京：世界图书出版公司，2009年.

目　录

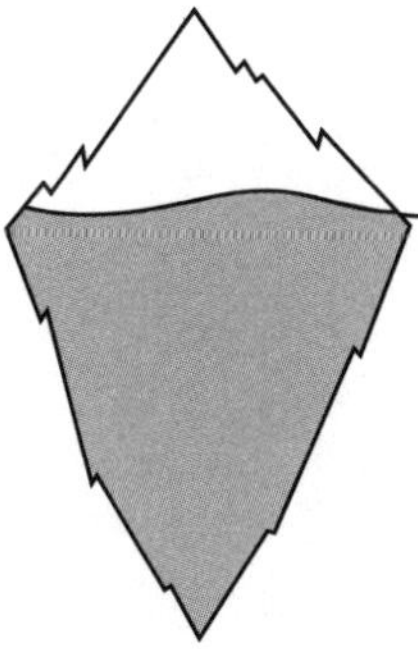

第1篇

超越愉悦原则

三颗钻
专家伴读

超越愉悦原则

李孟潮

弗洛伊德在《超越愉悦原则》中提出，他要建立一个元心理学模型，包括地形因素、动力学因素、经济因素三大方面。元心理学，也有人翻译成“心理玄学”，大体意思是研究心灵的本体和基础结构的学问，到最后变成了心灵哲学。

I

弗洛伊德首先提出，人们理所当然地以为，心灵活动受到愉悦原则的驱动。他引用了费希纳的观点，简单总结为，稳定即是愉悦，平衡即是愉悦。但接下来，他指出这一认知实际上并不正确。常识告诉我们，心灵活动不总是带来愉悦，而且恰恰相反，我们总是能从中感受到苦涩。

为什么人生的滋味，苦多于甜呢？

弗洛伊德用临床经验回答了这个问题。第一个临床经验，就是“现实原则”。

简单地说，就是一个人有欲望，但是现实环境不允许，所以他必须延迟满足自己的欲望，这时候他就要使用各种防御机制或者应对方式，比如克制、利他等。

接着，弗洛伊德指出，不快还有另外一种来源，就是压抑作用，或者说潜抑作用。

我们应当看到，压抑作用和现实原则是一体两面，本我的愿望没法在现实中满足，为了在现实生活中存活，就需要使用压抑这种防御机制。

弗洛伊德认为，现实原则＋愉悦原则＋压抑作用已经可以解释大多数不快感和厌恶感的来源。

如果到这时候，你已经被一堆术语砸晕了头，不要惊慌，不要恐惧，就是这样。弗洛伊德这三篇文章，是写给他的精神分析战友们，尤其是荣格等人看的，是默认读者已经了解这些术语内涵的。

Ⅱ

弗洛伊德在这一节研究了创伤后应激障碍。他发现一个现象，患者会做噩梦，噩梦中会反复出现创伤场景。这个现象撼动了他在《梦的解析》一书中的假设，即梦是愿望的满足，所以他假设做梦可能代表一种受虐倾向。

接着，他突然转变话题，介绍了他见过的儿童玩的一种重复游戏。他要证明，无论在临床心理学还是发展心理学中，我们都可以看到一种“强迫性重复”的现象，人们把这种现象叫作“作死”“屡教不改”“顽固不化”。为什么会有强迫性重复这种现象呢？因为存在死之本能。

他在本节最后提到了悲剧这一艺术游戏。他认为悲剧是成人的游戏，目标是观众，悲剧使不愉快的事物变成回忆，带来美感的满足，且可以用愉悦原则来解释。弗洛伊德之所以提到悲剧，还有更加深刻的意义。精神分析发展到最后，是让个案能够接受人生的悲剧性。此外，一种心理疗法，想要帮助人们接受人生的悲剧性，就必须具有艺术性，所以精神分析的治疗，总会要求个案写梦日记，并需要常年坚持。这些梦日记其实是一种写作治疗，是一种艺术创作，相当于写自传。

Ⅲ

弗洛伊德总结了自己的精神分析技术三阶段：

第一阶段，治疗师直接把分析假设报告给个案；

第二阶段，让个案自由联想，自己回忆；

第三阶段，把治疗关系的分析列为治疗的重点，具体来说就是分析移情和分析阻抗。

弗洛伊德提出死之本能之前，先绕了个弯，他说有些强迫性重复现象其实是可以用愉悦原则来解释的，他列举了一些临床现象加以证明，最终小心翼翼又无比自信地假设："心灵生活中确实存在超越愉悦原则的强迫性重复。"

Ⅳ

弗洛伊德开始论述"心理装置"这一概念，这个词现在我们基本不用了，因为其内容已经包含在当代的"认知心理学"和"神经生物学"之中。

他回顾了自己在《梦的解析》中曾经论述过的心理装置，又试图把自己的理论和他学到的细胞生物学理论联系起来。这一整套理论，非常接近于认知心理学中有关记忆和注意力的内容。心理功能的基础，恰恰在于记忆和注意力。没有记忆，也就无所谓爱恨情仇、情结和无意识，而注意力就像导读"精神分析心理结构冰山图"中的太阳，它照到哪里，哪里就变成意识的、可觉知的内容。

我们可以从中提炼出以下要点：

第一，记忆是神经细胞的功能进化产物。

第二，时间是一种记忆功能。如弗洛伊德所言，无意识中没有时间，不存在时间先后，也不因为时间而改变。了解到时间是一种认知功能非常重要，它可以帮助人超越死亡焦虑，因为没有时间，就没有生死。

第三，愉悦和不悦的刺激信号传导过来后，心灵系统倾向于关注不悦的信号。换句话说，只要你大脑里还长着神经细胞，你就具备“记坏不记好”的倾向。

第四，“人们倾向于认为它们来自外部世界（而非内部世界），这样才能使用对抗刺激的抵御力来对付它们。这就是投射（Projektion）的起源，投射在致病过程中扮演了重要角色。”这两句话非常重要，简单地说，叫作“万病归心，心即是投射”。

心理治疗不是生理治疗，更不是物理治疗。治疗师和个案需要意识到心理疾病痛苦的根源在于记忆系统，在于患者把属于内心的痛苦，投射到外在世界，然后去控制外在世界。

弗洛伊德试图建立一个创伤心理学模型，他根据创伤后出现的噩梦，假设有超越愉悦原则的东西存在，它们就是涅槃原则以及死之本能。

在这一节的最后，他又补充了两点：（1）创伤梦并非基于愉悦原则，也不是生之本能的满足；（2）创伤会引发性兴奋，按照今天的观点，应该说创伤会导致大量内啡肽释放。

V

这一节会让不少读者感到头痛，因为弗洛伊德希望把他在《癔症研究》《梦的解析》两本书里面的模型，和他现在建构的模型结合起来。比如开头两段，如果用现在的理论来说就变成：多巴胺和内啡肽在释放后，如果和其相应的受体结合，就可以产生愉悦感。

他开始正式提出死之本能的概念，他宣告，生命的目标就是死亡。

他提出自我保护本能与死之本能的关系。既然死之本能万岁，为什么要自我保护呢？弗洛伊德假设，自我保护本能让人自然死亡，按本我设计的路径去死，而不是自杀。

但是他又说，其实这也不对，性本能就不一样。比如，生殖细胞一代代往下传，几乎可以说是永生了。

为了自圆其说，他提出了双本能说，即生之本能与死之本能一个向前一个向后，是一种辩证运动。

最后，他好像突然开始与人辩论，大意是说，追求完美、超越自我这种本能并不存在，因为不是所有人都有这种需要，而如果有人有这种需要，那有可能是他压抑过度了。

弗洛伊德其实是在批评阿德勒与荣格，他们都受到尼采影响，认为人有一个成为独一无二的个体的超越意志。

Ⅵ

弗洛伊德再次阐述双本能理论，这次他又引入一个术语“自我本能”。他想说明“自我本能＝死之本能，生之本能＝性本能”，从而厘清他的术语系统。事实上，弗洛伊德的很多概念，在不同时期的文献中，其内涵和外延不尽相同。

他甚至提出生殖细胞和肿瘤细胞都是自恋的，因为它们要把力比多（生之本能）保持在自我中。由此可以看出，弗洛伊德想把生理学和心理学合二为一，这种尝试在他思想发展的早期非常明显，但是之后他逐渐把心理学分出来。

他开始重新阐述精神分析心理病理学，简单表述如下：首先，有生之本能的能量投注在自身，形成了第一种爱的形式，弗洛伊德称之为“自恋力比多”，我们在导读中称之为“自恋之爱”。其次，这种爱的能量必然要投注到外界，这称为“客体力比多”。弗洛伊德认为，自恋力比多体现了自我保护本能，客体力比多体现了性本能（现在被称为生之本能，后来在其他著作中他又把生之本能改为爱本能）。这两种能量流向的冲突，构成了神经症的内核冲突。

他列举出施虐—受虐这个现象，佐证了爱情中的爱恨交织，是本能中的生、死矛盾的此起彼伏。在他新一轮的论证中，他把死之本能的运作原则命名为“涅槃原则”。

接着，他开始证明性本能也有强迫性重复的特性，最终引出另外一个假设：生命体最初是分裂的，然后通过性本能重新聚合为一体。

这一节存在重复论证的问题，弗洛伊德对性本能具有的强迫性重复现象进行了二次论证。他还在最后来了一段自问自答，他代表读者提问：“你自己相信不相信你的理论啊？”这样的自我设问有些读者可能觉得多此一举，但在专业研究者看来，这体现了弗洛伊德非常好的自我反思精神。

Ⅶ

弗洛伊德想再次总结他的理论假设，但在最后一段他又突然冒出一句话：愉悦原则也是为死之本能服务的。这似乎又让他有些思绪混乱了。

弗洛伊德死后，一些精神分析专业研究者对《超越愉悦原则》进行了解读。对于非专业读者而言，可以参考大卫·林登所著的《愉悦回路：大脑如何启动快乐按钮操控人的行为》一书，其中既介绍了大脑的愉悦脑区和传导回路，又介绍了人类各种成瘾行为的来源，也部分回应了弗洛伊德当年的理论假设。

超越愉悦原则

I

我们在精神分析理论中毫不迟疑地假定，心灵过程受到愉悦原则的自动调节。换句话说，我们相信，每当心灵过程被不愉悦的紧张所刺激，就一定会朝着使这种紧张退化的方向发展，即避免不愉快或获得愉快。从这一角度看我们所研究的心灵过程，就会引入一种经济的观点。我们认为，基于地形因素和动力学因素，再加上这种经济因素，就可以构成我们目前能想象到的最完整的论述，这才配得上元心理学（metapsychologische）的名义。

我们并没有兴趣去考察愉悦原则的建立与某种由历史决定的哲学体系有什么关系，而只是为了描述和解释精神分析领域日常观察的事实才提出这一猜测性假设。精神分析工作并不以开创性和独创性为目标，而我们之所以会提出愉悦原则，是因为它给我们的印象明显到了不可能忽视的程度。不过，倘若任何一门哲学或心理学可以告诉我们对人们至关重要的愉悦和厌恶感觉究竟有何意义，我们一定乐于采纳。可惜我们并没有找到任何有用的理论。这是心灵生活中最黑暗、最难以接近的领域，如果必须触及，我认为最宽松的假设是最好的。我们决定把愉悦（Lust）和厌恶（Unlust）与心灵生活中现有的——并且不以任何方式结合的——兴奋量联系起来，并认为二者以这样的方式相联系：厌恶对应于兴奋量的增加，而愉悦对应于兴奋量的减少。这里所说的并不是感觉强度与兴奋量变化之间的简单关系，更不是一种基于心理生理学经验的直接比例关系；对感受起决定性作用的，可能是在一定时间内兴奋量增加或减少的幅度。关于这些问题，实验或许能够派上用场，但是对于精神分析师而言，如果我们没有观察到非常具体的现象，就不应当进一步研究这些问题。

然而，一位具有深刻洞察力的研究者——费希纳（Fechner）——对愉悦和厌恶的看法基本上与我们从精神分析工作中得出的结论一致，这着实令人无法忽略。费希纳在一篇短小的论文中阐述了他的观点。该论文的题目为《关于有机体的创造史与发展史的一些想法》（"Einige Ideen zur Schöpfungs- und Entwicklungsgeschichte der Organismen"），发表于1873年。文中写道："只要有意识的冲动总是与愉悦或厌恶有关，那么我们就可以认为，愉悦或厌恶与稳定和不稳定条件有着心理物理关系，基于此，就产生了这样的假设（我将在别处更详细地阐述这一假设），即每一个超过意识阈限的心理物理运动，如果在超过一定限度的同时伴随着愉悦，就会接近完全稳定；如果在超过一定限度的同时伴随着厌恶，就会偏离完全稳定。而这两个限度之间的区域可以被称为愉悦与厌恶的质变阈限，在这里存在着某种广度的审美上的冷漠……”

那些使我们相信愉悦原则在心灵生活中占主导地位的事实，也体现在这一假设中：心灵装置会尽量把存在于其中的兴奋量保持在尽可能低的水平，至少不能任之上升。这只是换了一种说法而已，如果心灵装置能够保持低水平的兴奋，那么任何倾向于使兴奋水平上升的事物都被视作将造成功能失调，即让人感到厌恶。愉悦原则建立在恒存原则的基础上，其实，恒存原则也是根据那些让我们不得不接受愉悦原则的事实而被推断出来的。如果进行更细致的讨论，我们还将发现，这里假设的心灵装置的作用，其实是费希纳所说的“稳定倾向原则”的特例，该原则把愉悦与厌恶的感觉联系在一起。

但是，我们必须指出，所谓愉悦原则在心灵过程中占主导地位的说法，实际上并不正确。如果这种说法正确，那么我们的绝大多数心灵过程都必须伴随或产生愉悦，但是这完全不符合最普遍的经验。所以只可能是这样，即精神中存在一种强烈的愉悦原则倾向，而它同时受到某些其他力量或因素的抵抗，因此最终的结果并不总能够体现愉悦原则倾向。我们可以参考费希纳的评论（1873年）：“由于朝向目标的倾向并不意味着目标的达成，而且目标的达成通常也只是近似而已……”那么，我们现在可以回到愉悦原则在哪些情况下会受到阻碍的问题上，这是我们所熟悉的安全领域，可以充分利用精神分析的经验来寻找答案。

第一种使得愉悦原则受阻的情况，是我们所熟悉且合理的情况。我们知道，愉悦原则是心灵装置的一种初级运作方式，它原本就对有机体应对凶险的外部世界时的自我保护毫无作用，甚至会导致巨大的危险。在自我的自我保护本能驱力（selbsterhaltungs-triebe）的影响下，它被现实原则所取代；现实原则在不放弃最终获得愉悦的意图的情况下强制推迟满足，在追求愉悦的漫长旅途中，它放弃了各种满足的可能性，并暂时忍受痛苦。愉悦原则在很长一段时期内仍然是性本能（Sexualtriebe）的运作方式，性本能难以被教化，并且会不断发生；而不论是从性本能出发，还是从自我本身出发，愉悦原则经常压过现实原则，对整个有机体造成损害。

然而，现实原则取代愉悦原则只能解释一小部分的厌恶体验，而解释不了最强烈的厌恶体验。当自我发展为更加复杂的组织后，还会出现一个同样合理也同样常见的使愉悦原则受阻的情况，即心灵装置中的冲突和分裂。心灵装置中的几乎所有能量都来自本能冲动（Triebegungen），但它们没有全部进入相同的发展阶段。在此过程中，这种情形反复发生：个体的大部分本能驱力互相能够整合并构成完整的自我统一体，但是其某一种或某一部分本能驱力却产生了与其他本能驱力不相容的目标或需要。于是，这一种或这一部分本能驱力受到压抑，从统一体中分离出来，被抑制在较低的心理发展水平上，暂时无法得到满足。如果这些本能驱力后来真的以迂回的方式获得了直接或替代的满足［对于被压抑的（Verdrängten）性本能而言，这很容易发生］，这种本该带来愉悦的成功却会被自我视为厌恶。由于旧的冲突以压抑告终，当某些本能驱力按照愉悦原则努力获得新的愉悦时，愉悦原则又再次被破坏。压抑是如何把愉悦转化为厌恶的，我们对此尚未有深刻的理解，也无法细致地加以描述，但可以肯定的是，所有的神经症厌恶都可以归为此类不能被感觉到的愉悦。

上述两种厌恶来源仍然无法涵盖我们的大部分厌恶体验，但对于其他厌恶，我们可以说，至少从表面上看，它们的存在并不违背愉悦原则。我们感受到的大部分厌恶，其实是来自感知的厌恶，要么是对没有得到满足的本能驱力的感知，要么是对外在的感知。就后者而言，可能是因为其本身就令人尴尬，也可能是因为其引发了心灵装置的厌恶期望，被视为一种“危险”。面对这些本能要求或危险时的反应——这些反应构成了心灵装置的实际活动——受到了愉悦原则及（作为愉悦原则的修正的）现实原则的正确指导。因此，似乎没有必要对愉悦原则进一步限制，但如果对外在危险引起的心灵反应进行研究，可以为当下讨论的问题提供新的材料及问题。

II

在人们遭遇严重的机械冲击、火车相撞或其他致命事故之后，其所产生的病症一直都被称作“创伤性神经症”。不久前刚刚结束的战争[1]导致了大量此类病症的出现，这使得我们无法继续将其归

[1] 指第一次世界大战。——编者注

因于机械力作用对神经系统的器质性损伤[1]。创伤性神经症具有与癔症相似的运动性症状，但通常还有其他更为显著的症状，包括急剧发展的主观痛苦［类似于疑病症或忧郁症（Melancholie）］，以及更为广泛的一般心灵活动的减弱和扰乱。不论是战争性神经症，还是和平时期的创伤性神经症，我们都不能给出完整的解释。战争性神经症并没有机械外力的参与，却时不时呈现出同样的临床症状，这似乎能够带给我们启发，却同样也使我们困惑。普通的创伤性神经症有两个主要特点：第一，致病原因的重点是感到惊惧的时刻；第二，如果患者同时也受了伤，神经症的发展通常会被抑制。惊惧（Schreck）、恐惧（Furcht）和焦虑（Angst）经常被错误地用作同义词，但这三个词与危险的关系不同。焦虑发生在预期危险即将到来并为之做准备的情况下，即使此时危险是未知的；恐惧是在害怕特定的对象时产生的；而惊惧则是在没有做好准备的情况下面对危险时所进入的状态，着重于惊讶。我认为焦虑并不会导致创伤性神经症，焦虑能够在某种程度上防止惊惧的产生，因此也可以防止惊惧导致的神经症。我们稍后还会回到这个话题。

梦的研究可以被视为探究心灵深处的最可靠的方法。创伤性神经症患者的梦生活的特征是反复把患者带回事故现场，让他带着新的惊惧醒来。这种情形再常见不过了。创伤性经历会反复对患者造成影响，哪怕是在其睡眠中，这也证明了创伤性经历留下的印象之深。换句话说，患者的精神固着在创伤上。我们早就通过癔症发现，对经历的固着能够引发疾病。比如，布洛伊尔（Breuer）和我曾在1893年发表过一篇文章，指出大部分癔症患者都是因为回忆而受到困扰。费伦齐和西美尔等也通过对战争性神经症的观察，认为对创伤时刻的固着导致了某些运动性症状。

但是，我并没有发现创伤性神经症患者会花费大量清醒时间来回忆他们遭遇的事故，他们更有可能努力地不去回想它。我们不应该接受夜梦让患者回到引发其疾病的情境的假设，这是对梦的性质的错误判断。更贴切的说法是，梦向患者展示了健康时期或其希望康复的情景。如果我们没有被创伤性神经症患者的梦误导，而是依然相信梦可以满足愿望，就会发现这其实和许多其他情况一样，梦偏离了其实现愿望的功能和意图，或者我们应当联想到自我那神秘的受虐倾向。

我建议先搁置创伤性神经症这一晦涩而阴郁的主题，转而研究心灵装置在其最早的一项正常活动中是如何运作的。我是指儿童的游戏。

最近，S. 普法伊费尔（S. Pfeifer）在《意象》（*Imago*，V/4）中对儿童游戏的各种理论进行了汇编和分析，我在此参考了这篇论文。这些理论旨在解释儿童游戏的动机，不过它们没有将经济观点或获得愉悦的考量放在首位。我并不打算概述所有这些理论，只是想借用一个我观察到的例子来说明一个一岁半的男孩的第一个自创游戏。这不能说是一次粗略的观察，因为我和孩子及其父母在同一个屋檐下生活了几个星期，而揭开这一令人费解且不断重复的游戏的意义也花了我很长时间。

这个男孩的智力发育绝非超前，一岁半的他只会说几个能让人听懂的单词，还会发出几种周围人能够听懂的有意义的声音。不过他和父母及家里唯一的女仆相处融洽，还被称赞性格“得体”。他既不在夜里打扰父母，也能够严格遵守不许触摸某些物品和进入某些房间的禁令；最重要的是，尽管他和母亲有温情的依恋关系，也完全由母亲负责照顾和看管（完全没有其他帮手），但就算母亲离开几个小时，他也不会哭泣。然而，这个乖巧的孩子如今养成了一些令人不安的习惯，他会偶尔把能抓到的小物件扔到房间的角落、床底等地方。同时，他带着感兴趣和满足的表情，发出了一声响亮而拖长的“哦——哦——哦”。母亲和观察者一致认为这不是一个感叹词，而是在表达“走开”（Fort）的意思。我最后意识到，这是一个游戏，男孩用他所有的玩具玩“走开”的游戏。有一天，我通过一次观察证实了我的观点。男孩有一个系着麻绳的木质线轴。他从来没有想过把线轴放在地上拖着走，也就是和线轴一起玩，而总是熟练地抓着麻绳把线轴扔过被覆盖的婴儿床边缘，让它消失在后面，同时嘴里意味深长地念着“哦——哦——哦”，然后又用麻绳把线轴拖回来，并开心地发出“嗒”（在这儿）的声音。所以，这其实是一部完整的戏剧——“消失与重现”，大部分人只看到第一幕在不断上演，尽管更多的乐趣无疑在第二幕。[2]

该如何解释这个游戏是显而易见的。它体现了男孩由于克制本能驱力（放弃本能驱力的满足）——允许母亲可以毫无阻力地离开——而获得的高级文化素养。可以说，他通过演绎类似的消失与很容易实现的重现来补偿自己。从判断这个游戏的作用的角度来看，这个游戏是男孩自己发明的还是从别处得到了某些建议都无关紧要，令我们感兴趣的是另外一点。对于母亲的离开，男孩不可能感到愉快，也不会漠不关心。那么，他把痛苦经历当作游戏来重复的行为符合愉悦原则吗？有人可能想说，重现会带来愉悦，而离开是其先决条件，所以游戏的真正意图在于重现。但这与观察不符，因为第一幕离开本身也作为游戏反复上演，并且上演得比出现愉悦结尾的完整戏剧更频繁。

仅通过一个案例分析，并不能得出一个肯定的结论；如果客观而中立地去看，可以找出其他原因来解释男孩为何把他的经历转变成了游戏。男孩本身被动地接受了这一经历，但是在游戏中不断重复相同的戏码时，他其实扮演了主动的一方，尽管这很不愉快。这种做法可以归因于一种控制欲（Benächtigungstrieb），它与记忆本身是否令人愉快无关。但我们也可以尝试给出另一种解释。男孩扔掉玩具，让它“变不见了”，这可能是为了满足对母亲的报复冲动（这种冲动在现实中被压抑了），具有挑衅的意味：好吧，走开，我不需要你，我会让你走。一年后，这个我曾在他一岁半时观察过的男孩又把一个惹恼了他的玩具扔在地板上，并说道：“去打仗！”他当时刚被告知他的父亲之所以不在家，是因为去了战场。他一点儿都不想念他的父亲，而是用这一举动明显地表明，他希望独自拥有母亲并不被打扰。[3]我们也通过观察其他孩子了解到，他们用东西代替人，通过扔东西来表达类似的敌对冲动。[4]于是我们不禁怀疑，这种在头脑里重现一些印象深刻的经历以便完全控制它们的冲动，是否可以被视为一种独立于愉悦原则之外的初级事件。在上面的案例中，男孩之所以会在游戏中重复一种不愉快的经历，是因为这种重复关联着一种不同但直接的愉悦感。

即使我们进一步考察儿童的游戏，也无助于我们从两种观点中做出选择。不难看出，儿童会在游戏中重复那些给他们留下深刻印象的事情，他们借此摆脱这种印象的影响，并让自己掌控局势。另外，儿童所有的游戏都受到支配他们的愿望的影响，这个愿望就是：长大成人，能够像大人一样行事。我们还观察到，就算一种经历并不愉快，也经常会对游戏有所帮助。比如，医生检查了儿童的喉咙，或者给他做了一个小手术，这种可怕的经历肯定会成为下一个游戏的内容。但是儿童获得愉悦的另一个来源也不容忽视。当儿童从被动的经历者转变为游戏里主动的一方时，他们就会把发生在自己身上的不愉快施加到玩伴的身上，从而对这一替身进行报复。

从上述讨论可知，游戏的动机是一种独特的模仿本能驱力这一假定是多余的。容我提醒，与儿童的游戏不同，成年人的艺术游戏和模仿是面向观众的，并不会避免给人留下痛苦的印象（例如悲剧），却能让观众感受到极大的乐趣。因此，我们相信，即使是在愉悦原则的框架下，也能找到足够多的方法和手段使本来不愉快的事物成为记忆与心灵处理的对象。这些最终带来有限愉悦的案例，可以用一种经济导向的美学来解释。但这对我们的主题没有任何贡献，因为它以愉悦原则的存在和支配性为前提，并且无法证明超越愉悦原则的倾向——一种比愉悦原则更原始且独立于它的倾向——的存在。

Ⅲ

经过25年的密集研究之后，精神分析技术现在的直接目标与最初的目标已经大不相同。最初，精神分析师的目标是猜测病人隐藏的无意识，对其进行总结并在适当的时候与病人进行沟通。精神分析首先是一门解释的艺术，但是这依然无法解决治疗的问题，于是一个新的目标出现了，精神分析师强迫病人通过记忆来确认无意识的架构。在这一过程中，重心落在了病人的阻抗上；其诀窍是精神分析师尽快发现阻抗的存在，将其展示给患者，并通过人为的影响［在这里，意志移植[1]（Suggestion）作为“移情”出现］，说服患者放弃这些阻抗。

但接着变得越来越清楚的是，我们所设定的觉知无意识的目标，同样无法以这种方式完全实现。病人无法完整回忆起被压抑的内容，或仅仅是想不起关键内容，因此，病人对于精神分析师传达给他的架构的正确性没有信心。病人不得不把被压抑的内容作为当下的经历来重复，而不是像精神分析师所希望的那样回忆并将其作为过去的一部分。5这种重复呈现出不被我们所欢迎的精确度，总是包含婴幼儿期性生活的一部分，即俄狄浦斯情结及其分支，并且总是作用于移情领域，体现在病人与精神分析师的关系中。如果一位病人在治疗中到了这一阶段，那么就可以说，早先的神经症已经被

[1] 英语中的“suggestion”一词通常会被译为“暗示”或“建议”（明示），但在德语中，suggestion是指强烈的心理影响，不限于暗示或明示，因此译为“意志移植”。——译者注

新的移情性神经症取代了。精神分析师应当尽可能地强迫病人去回忆，并减少重复，从而尽量限制移情性神经症的范围。在不同的案例中，回忆与重复的比例各不相同。精神分析师并不能保证让病人避免进入这一阶段，他必须让病人重温已经遗忘的某一部分生活；另外，他也必须帮助病人在一定程度上站在高处，让病人明白眼前的现实其实是对被遗忘的过去的反映。如果精神分析师能够做到这一切，就可以取得病人的信任和以此为基础的成功治疗。

要理解这种出现在神经症的精神分析治疗中的“强迫性重复”（Wiederholungszwang），我们首先必须摆脱这一错误想法：我们所对抗的阻抗来自无意识层面。无意识的或“被压抑的”内容，并不会阻碍治疗，它们所做的努力仅仅是试图突破阻力而进入意识，或者通过真实的行动将自己释放出来。治疗中的阻抗来自心灵生活中更高的层次和系统，即最初实施压抑的部分。不过，由于阻抗的动机甚至阻抗本身在治疗开始时都是无意识的，所以我们需要修正表达方式的不当之处。只要把意识替换成连贯的自我，把无意识替换成被压抑的内容，就可以避免混淆。自我的大部分，恰恰是那些被称作自我核心的部分，必然是无意识的；另外一小部分被我们用“前意识”一词代指。在用系统的或动态的表达方式代替单纯的描述性表达方式后，我们可以说，病人的阻抗来自其自我。这样一来，我们马上就明白过来，强迫性重复的源头是被压抑的无意识。它可能无法表达自己，直到治疗的调解工作使压抑开始放松。

毫无疑问，意识的和前意识的自我的阻抗是为愉悦原则服务的，毕竟这种阻抗力求避免因释放被压抑的内容而引起的厌恶，而精神分析师则致力于援引现实原则来获得对厌恶的许可。但是，强迫性重复——被压抑的力量的表达——与愉悦原则有什么关系呢？显而易见，强迫性重复所允许重温的内容会让自我感到厌恶，因为它揭示了被压抑的本能冲动的成就。但这种厌恶我们已有所感知，它与愉悦原则并不矛盾，因为对一个系统来说是厌恶，对另一个系统来说则是满足。然而，又有一个新的明显事实亟待我们描述，强迫性重复也带回了包含着厌恶的可能性的旧日记忆，其可能从头到尾都与满足无关，甚至不会对那些从一开始就被压抑的本能冲动有所满足。

婴幼儿的性生活在经历了早期的繁荣后，是注定要灭亡的，因为其愿望同现实及较早的发育阶段是不相容的。灭亡伴随着令人尴尬的场景和深切的痛苦感觉。爱的丧失与失败给自尊留下了永久的自恋伤疤，根据我的经验以及马尔奇诺夫斯基（Marcinowski）[6]的说法，这是导致神经症患者出现常见的“自卑感”的最主要因素。儿童对性的探索受到身体发育的限制，无法得到满意的结果，所以才有了后来的抱怨：我什么都做不到，我无法成功！儿童的温情依恋（主要指向异性父母）总是导致失望，他们徒劳地等待满足，嫉妒新生儿——这确证了所爱的人的不忠。儿童尝试自己去创造一个孩子，这种悲壮的渴望也以蒙羞的方式惨遭失败。他们感受到的温柔日益减少，接受了日益严格的教育要求、严肃的言辞、偶尔的惩罚，这些一并让他们看清了自己受到蔑视的全貌。童年时期典型的爱的结束，会以几种常见类型重复出现。

这些不受欢迎的情境和痛苦的情绪，都会在神经症患者的移情中通过高超的技巧而重现。他们试图中断尚未完成的治疗，他们知道如何重现被蔑视的印象，迫使精神分析师对他们使用严厉的言辞和冷淡的态度；他们为他们的嫉妒找到合适的对象；他们不再像童年时期一样渴望有一个孩子，而是为一份更珍贵的礼物制订了计划或做出承诺，但这份礼物通常会变得同样不现实。放在童年时期，这一切都令人不愉快。人们会认为，如果它们作为一种记忆出现，而不是作为一种新的体验，将会带来较少的厌恶。当然，它们都是本能驱力试图得到满足的行为，并且没有从过去的经历中学到任何教训，即这些行为都只会导致厌恶。尽管如此，在强迫症的驱使下，这些行为会被不断重复。

精神分析在神经症患者的移情现象中所发现的这种模式，也可以在未患病的人的生活中找到。这些人给人的印象就仿佛命运在追赶他们，或者他们的经历具有恶魔的特征。精神分析认为，这类命运在很大程度上是由人们自己准备的，是由婴幼儿早期的影响所决定的。这些人身上表现出来的强迫性与神经症患者的强迫性重复没有什么不同，尽管他们没有通过症状形成而显示其正在应对神经症冲突。因此，有一些人会用同样的方式结束所有的人际关系：作为施恩者，他们会在一段时间后被他们帮助过的人含怨抛弃，不论他们在其他方面有多么不同，但似乎都注定要品尝忘恩负义的苦涩；有一类男士，他们的每一段友谊都以朋友的背叛告终；还有一些人会在自己的生活中不断重复这一过程——将另一个人提升为自己的甚至公众的权威，过一段时间后再推翻该权威并用新的权威取而代之；另有一些人，他们每一次与女性建立温情关系都会经历相同的阶段，再迎来相同的结局；等等。这些现象都涉及个体的主动行为，我们可以通过这些重复的经历发现他们一成不变的基本性格特质，因此，我们对这种“永恒的重复”并不感到惊讶。同样是反复经历相同命运的人，如果换作其被动地经历一些个人无法影响的事情，这类案例对我们的触动则要大得多。试想一个女人接连嫁给三个男人，她的每一任丈夫都会在不久后病倒，而她无可奈何地照料病人，直至其死去。[7]塔索（Tasso）在浪漫史诗《耶路撒冷的解放》（*Gerusalemme liberata*）中对这种命运进行了充满诗意的凄美刻画。英雄坦克雷德在他心爱的克洛琳达穿着敌方骑士的盔甲与他战斗时，意外地杀死了她。在她的葬礼后，坦克雷德进入了令十字军颤抖的神秘的魔法森林。在那里，他用剑砍倒了一棵巨大的树，鲜血从树的伤口中流出，并传来了克洛琳达的声音——她的灵魂被放逐在这棵树上——指责他再次伤害了他的爱人。

根据上述对移情或对人类命运的观察，我们可以大胆地假设，心灵生活中确实存在超越愉悦原则的强迫性重复。我们也倾向于将事故性神经症患者的梦与儿童游戏的动机联系起来。不过必须承认，我们只能在极少数情况下忽略其他动机，单纯地以此解释强迫性重复的影响。我们已经强调过儿童游戏起源的其他一些解释。重复的冲动和本能驱力充满愉悦的直接满足紧密地交织在一起。移情现象显然是为坚持压抑的那一部分自我的阻抗服务的，强迫性重复可以说是遵从了坚持愉悦原则的自我的要求。被很多人称为命运的强迫性重复，在我们看来，是可以通过理性思考加以理解的，所以完全不必创造一种神秘的新动机来解释它。梦见事故的案例可能乍一看最不可疑，但仔细思考后，我们不得不承认，其他案例也是一样，不能由我们已知的动机完全涵盖。有充足的理由能够证明强迫性重复的假设，在我们看来，它比被它推到一边的愉悦原则更原始、更基本，也更加接近本能驱力。但是，如果心灵中存在这样一种强迫性重复，我们就会想要知道它所具备的功能，它在什么条件下会出现，以及它与愉悦原则的关系。到目前为止，我们一直都把心灵生活中的兴奋过程归因于愉悦原则。

Ⅳ

接下来的内容全部是猜测，而且大多是大胆的猜测，请大家根据自己的观点，自行选择是欣赏还是忽略。此外，这还是一种尝试，想看看从一套一致的观点出发，能到达怎样的终点。

精神分析的推断建立在对无意识过程的研究所收获的印象之上，即意识不可能是心灵过程的最普遍特征，而只是一种特殊功能。在元心理学的术语中，意识是一个特殊系统所具有的功能，我们称这一系统为意识系统（System Bw）。由于意识本质上提供了对来自外部世界的兴奋的感知，以及对来自心理装置内部的愉悦和厌恶的感觉，我们称之为感知–意识系统（System W-Bw），它的空间位置也可以由此确定。它只能位于内外分界线上，面向外部世界，同时包覆着其他的精神系统。我们马上又注意到，这些假设其实不是什么新的尝试，而只是融合了定位性大脑解剖学，其认为意识的“位置”在大脑皮层，覆盖在这一核心器官的最外层。从解剖结果上来看，大脑解剖学不需要考虑为什么意识精确地位于大脑的表面，而不是隐藏在其最深处的某个地方。也许我们可以通过将这一情形推广到感知–意识系统而得出更多的结论。

意识并不是我们赋予感知–意识系统过程的唯一属性。根据我们从精神分析中得到的印象，我们假设其他系统中的所有兴奋过程都会留下永久痕迹，并作为记忆的基础，也就是说，记忆残留物与是否进入意识无关。而且，它们通常会在从未进入过意识时显得最强大和最持久。不过，我们很难相信这种永久的兴奋痕迹也会出现在感知–意识系统中。如果它们始终保持在意识层面，它们很快就会限制系统接收新兴奋的能力[8]；而如果它们进入了无意识，我们就必须解释为什么在通常负责执行意识功能的感知–意识系统中会存在这样的无意识过程。可以说，我们的假设将意识归入一个特殊的系统，既不会改变任何结论，也不能产生新的结论。虽然这可能不是一个绝对具有约束力的考量，但我们可以假设，进入意识与留下记忆残留物这两件事是不兼容于同一个系统中的。我们可以说，意识系统中的兴奋过程进入意识，但不留下永久痕迹；记忆所依赖的所有痕迹都源于兴奋传播到下一个距离最近的、更靠近内部的系统。我在1900年的《梦的解析》一书的推测章节所插入的图表也是这样设计的。由于我们对意识的其他起源知之甚少，因此“意识起源于对记忆痕迹的替代”的断言值得被认真对待。

意识系统的特点是：兴奋过程不会像在其他心理系统中那样留下元素的永久变化，而是在进入意识的过程中消失。这偏离了一般规则，因此需要用一个只存在于这个系统中的时刻来解释，这个时刻被其他系统拒绝，但很容易暴露在意识系统之下，因为后者与外部世界直接接触。

试想一个尽可能简化的场景，生命体被简化为一个包含着易兴奋物质的未分化的囊泡。囊泡那面向外部世界的表面由于其所处的位置而被区分开来，并作为刺激接收器官而发挥作用。胚胎学作为发育史的重复，也的确表明中枢神经系统起源于外胚层，皮层灰质是由原始表层细胞发育而来的，可能继承了其基本特性。很容易想象，外在刺激对囊泡表面的持续影响将永久地改变该表面的物质，使其达到一定厚度，于是，囊泡表面一层的兴奋过程变得与囊泡深层不同了。这样就形成了一层外皮，它最终被刺激完全烧透，变得能够在最有利的条件下接收刺激，并且不再发生进一步的变化。换作意识系统，就意味着系统中的元素在兴奋过程中已经不能够再发生任何永久变化了，因为在这种作用的意义上，该系统已经被修改到了极致。不过，这也让它能够生产出意识。对于物质的这种变化和其中的激发过程所包括的内容，我们可以有各种各样的想象，却无法通过目前的手段来研究。我们可以假设，兴奋必须克服阻力才能从一个元素转移到另一个元素，倘若阻力降低，就形成了兴奋的永久轨迹（轨道）；在意识系统中，从一个元素转移到另一个元素的阻力已然不复存在。我们可以把这一假设与布洛伊尔的理论相结合，他将心理系统中的元素区分为静止的（被约束的）和自由可动的贯注[9]。意识系统中的元素没有被约束，是纯粹的自由可动的能量。但我认为，目前最好还是尽量模糊地描述这些关系。无论如何，通过这些推测，我们已经将意识的出现与意识系统的位置及可归因于它的兴奋过程的特殊性联系了起来。

关于囊泡及其接收刺激的外皮层，我们还有其他需要讨论的内容。这一块生命物质游走在一个充满最强能量的世界里，如果没有抵挡刺激的保护措施，它就会被刺激的影响淹没。为了产生保护层，囊泡的外表面放弃了原本的适应生存的结构，将其在某种程度上变成了无机物，成为一种特殊的覆盖物或膜，用以抵挡刺激。也就是说，它使外部世界的能量只有一小部分可以穿过这一层而留存下来，并进入下一层。而下一层——处于保护层之后——则可以全然吸收留存下来的刺激量。外表面通过自身的消亡，把所有更深的层次从同样的命运中拯救出来，至少在更强的刺激降临之前，它能够提供这种保护。对于生命有机体而言，防止刺激大约比接收刺激更为重要。生命体有自己的能量储存器，必须首先保护在其内部进行的特殊能量转换，使之不受来自外部的巨大能量的影响（破坏性影响）。生命体接收刺激，主要是为了确定外部刺激的方向和类型，为此只需从外部世界抽取少量样品就已足够。在高度发达的有机体中，囊泡用来吸收刺激的皮层已经收缩到身体深处，但仍有一部分遗留在一般保护屏障之下的表面，这些就是感觉器官。它们基本上相当于用来接收特定刺激的装置，但也包含用来保护有机体免受过量刺激并阻挡不恰当类型刺激的特殊装置。它们的特点是只处理极少的外部刺激，只随机抽取一些样本。也许我们可以将它们比作触角，试探着反复触碰外部世界。

在这一点上，请允许我引入一个其实值得彻底研究的主题。康德认为，时间和空间是人类思维的必要形式；现在，我们可以用精神分析的一些发现对此加以讨论。我们已经知道，无意识的心灵过程本身是“不受时间影响的”（zeitlos），也就是说，它不按时间排序，也不被时间所改变，更没有时间的概念。这些都是负向特征，只有通过与有意识的心灵过程进行比较才会显现出来。我们关于时间所形成的抽象概念似乎来自感知–意识系统的运作，对应于该系统的自我感知。在这种运作模式下，感知–意识系统可能会采取不同的方式来抵御刺激。我知道，这些话听起来很晦涩，但我不得不止于这种模糊的说法。

到这里，我们已经讨论了有生命的囊泡用以抵挡外部世界的保护屏障。我们已经确定，表层之下的一层必须分化为接收外部刺激的器官，然而，这一敏感的皮层（后来的意识系统）也能接收来自内部的刺激。系统所在的位置（外部与内部之间）以及从两侧受到的影响的差异，对系统和心灵装置的功能具有决定性意义。朝向外部世界的一面具备抵御刺激的保护作用，因此传入的兴奋量只会在较小的范围内产生影响；朝向内部世界的一面则不具备这种保护作用，来自更深层的刺激会直接并且丝毫不会减弱地影响整个系统。在这一过程中，某些特征会产生一系列愉悦–厌恶的感觉。就系统功能的强度和其他定性特征（例如振幅）而言，内部刺激比外部刺激更适合系统功能的运作。但是，这些条件决定了两件事：第一，普遍存在的愉悦和厌恶感觉是内在过程的指标，超过了外部刺激；第二，人们往往会采取行动去抵御那些导致厌恶感觉大幅上升的内在兴奋。人们倾向于认为它们来自外部世界（而非内部世界），这样才能使用对抗刺激的抵御力来对付它们。这就是投射

（Projektion）的起源，投射在致病过程中扮演了重要角色。

我认为，通过上述最后的讨论，我们已经基本理解了愉悦原则的主导地位，但我们没有澄清那些与之相抵触的案例。让我们进一步讨论。这些来自外部世界并且强烈得足以突破保护层的刺激，叫作创伤性刺激。我认为，创伤的概念与其他情况下的有效刺激抑制之间存在着某种关系。类似外在创伤的事件肯定会对有机体的能量运作造成严重破坏，并诱发所有防御措施。这时，愉悦原则是首先被暂停的。心灵装置无法继续抵御刺激，因此刺激大量涌入；与此同时，出现了另一项任务——应对刺激，即在精神上约束已经闯入的刺激，直到将其消除。

具体的厌恶，比如身体上的疼痛，可能是对抗刺激的保护作用在一定程度上遭到破坏的结果。持续的兴奋从外周的某一个点流向心灵装置的中心，其通常只接收来自装置内部的兴奋。[10]那么，我们会期待心灵生活对这样的入侵做出怎样的反应？贯注能量朝各个方向展开，以在入侵点附近制造相应的高能量贯注。一种强大的“反贯注”被创造出来，其他精神系统都因此变得贫乏，从而导致其他精神活动的普遍瘫痪或退化。我们试着从这些例子进行研究，并在其基础上建立元心理学假设。我们从中得出结论，即便是自身高度贯注的系统，也能够吸收新到达的流动能量，将其转化为静止的贯注，即在精神上“约束”它们。静止贯注越强，约束力就越大；相反，贯注越低，系统吸收传入能量的能力就越低，并且保护屏障遭到破坏的后果也就越强烈。可能有人会持反对意见，认为入侵点周围的贯注增加可能单纯是由传入刺激的直接传导所引起的。这是不对的。从这种反对意见出发，只能解释心灵装置的能量贯注增加，而无法解释其他精神系统为何贫乏，以及身体为何会出现疼痛、麻痹的特征。但是我们给出的解释不会被剧烈的疼痛现象干扰，它们是反射性地发生的，也就是说，它们的发生没有经过心灵装置的居中转介。被我们称作元心理学的所有讨论都具有模糊性，这是因为我们对精神系统元素的兴奋过程的性质一无所知，因此无权对其做出任何假设。于是，我们的讨论中始终都有一个大写的未知数“X”，它会继续存在于每一个新公式中。上述过程发生时，能量的多少是不固定的，这个条件很容易理解；同时，能量还可能具有不同的性质（例如以振幅的形式）。我们最近还纳入了布洛伊尔的陈述，即存在两种形式的能量实现，因此可以区分精神系统（或其元素）是自由可动、追求释放的贯注，还是静止的贯注。或许存在这样的可能性，流入心灵装置的能量的“约束”就是从自由可动过渡到静止状态。

我们不妨大胆尝试，假设常见的创伤性神经症是抵御刺激的保护层被广泛突破的结果。从这个角度看，过去那种简单的休克理论就有了一些道理，后来的心理学理论与休克理论不同，将病因学的重要性归结于惊惧和对生命的威胁，而不是机械暴力。这些理论之间的差异并非不可调和，不过，关于创伤性神经症的精神分析观点与原始形式的休克理论其实是两回事。休克理论认为休克的本质是对分子结构，甚至是对神经元件的组织结构的直接损害；而精神分析则试图从精神器官的保护层被突破及由此产生的任务中寻找原因。惊惧在精神分析中也有不同的意义。惊惧状态源于对危险缺乏准备，包括最初接收刺激的系统缺乏过度贯注。由于系统原本具有较低水平的贯注，它不能很好地约束传入的兴奋量，所以更容易出现保护层被破坏的后果。我们发现，接收系统的过度贯注和焦虑准备（Angstbereitschaft），代表着抵御刺激的保护层的最后一道防线。对于很多创伤而言，没有准备的系统与经由过度贯注而准备的系统之间的差异可能是决定性因素；不过一旦创伤达到某种程度，这可能就不再重要了。在愉悦原则的支配下，梦具有实现愿望的功能，而事故性神经症患者的梦频繁地把当事人带回到事故场景，它们并非服务于实现愿望的目的。于是我们可以假设，他们之所以会做这种梦，是受到了另一项任务的支配，而该任务的解决优先于愉悦原则。在焦虑准备上的疏忽是创伤性神经症产生的原因，这些梦试图通过发展焦虑来弥补对刺激的控制。它们向我们展现了心灵装置的一种功能，即它不违背愉悦原则，并独立于愉悦原则，似乎比获得愉悦、避免延误的意图更为原始。

说到这里，我们首先得承认，“梦是愿望的实现”这一命题是有例外的。焦虑的梦不是一种例外，正如我反复详细解释的那样，“惩罚性的梦”也不是一种例外，因为它们只是用应得的惩罚代替了被惩罚的愿望的实现，因此，梦实现了由于拒绝本能驱力而导致的负罪感（Schuldgefühl）的愿望。但上述事故性神经症患者的梦不能再被看作愿望的实现，在接受精神分析的过程中所做的梦也不能再被看作对童年精神创伤的回忆。这些梦服从强迫性重复，然而，在精神分析中，这种冲动得到想唤起被遗忘和压抑的内容的愿望（这种愿望并非无意识的）的支持。因此，这些梦的功能是通过满足令人不安的冲动来消除干扰睡眠的动机，这并不是梦的原始功能；只有在所有心灵生活都由愉悦原则占据主导地位时，这种功能才会出现。如果存在一种“超越愉悦原则”，那么这样的假设也是符合逻辑的：梦的实现愿望的倾向并不是从一开始就存在的。这并不影响梦后来具有的功能。现在，进一步的问题也随之浮现：除了精神分析，为了约束创伤性的印象，这些梦是否也会出现强迫性重复？答案绝对是肯定的。

我曾在别处说过，“战争性神经症”这一术语不仅表达了痛苦的来源，而且在很大程度上是指因为自我冲突而导致的创伤性神经症。[11]第8页[1]提到过这样的事实，患者同时受到外伤造成的严重创伤会降低患神经症的概率。如果考虑到精神分析研究强调的两种关系，这种现象其实不难理解。首先，我们必须承认，机械振动是性兴奋的来源之一（参见《性学三论》中有关“摇晃和列车行驶的影响”的内容，第4版，1920年）；其次，在痛症和发热疾病持续期间，力比多会受到巨大的影响。因此，创伤的机械暴力会释放出大量的性兴奋，由于缺乏焦虑准备，这会产生创伤效应，但同时受伤的身体会通过要求对痛处进行自恋性的过度贯注，从而约束过多的兴奋（参见《论自恋》，载于《关于神经症理论的小论文集》，第Ⅳ卷，1918年）。众所周知，像忧郁症这样严重的力比多分布紊乱会被一种并发的器质性疾病暂时消除。事实上，即使是完全发展的早发性痴呆状态，也能凭借同样的条件而暂时恢复，但是这些并未被充分吸纳到力比多理论中。

[1] 本文第Ⅱ节（第14页）。——译者注

V

接收刺激的皮层由于缺乏抵御内部刺激的保护层，必然会导致内部刺激的传递更为经济，并经常引起经济紊乱，这可以等同于创伤性神经症。这些内部兴奋的最丰富的来源是所谓的有机体本能，即源自身体内部并传递到心灵装置的所有能量，其本身就是心理学研究中最重要的，也是最模糊的元素。

或许这一假设算不上十分冒险：源自本能驱力的冲动不应当被归类为被约束的神经过程，而应当被归类为亟待释放的自由可动的神经过程。目前，关于这类过程的知识，最优质的那一部分内容来自对梦的工作的研究。我们已经发现，无意识系统中的过程与前意识（或意识）系统中的过程截然不同：在无意识中，贯注很容易被完全转移、移置和凝结；但是，对前意识材料而言，这些作用往往会出错，如当一日里残留下来的前意识被无意识的规则处理后，就具有了梦显像那为人所熟知的奇异性。我把无意识中的过程称作“初级”精神过程，以与正常清醒生活中的“次级”精神过程进行区分。由于本能驱力冲动把无意识系统当成攻击对象，毋庸赘言，本能驱力冲动也服从初级精神过程；同样，不难发现，初级精神过程也就是布洛伊尔所说的自由可动的贯注，次级精神过程则是布洛伊尔所说的被约束的贯注。[12]这样一来，心灵装置较为重要的任务就是约束那些服从初级精神过程的本能驱力兴奋。如果约束无效，就会引起类似创伤性神经症的症状；只有在约束有效时，愉悦原则（以及作为它的修正的现实原则）才能不受阻碍地占据支配地位。

在约束起效之前，心灵装置会把掌控或约束兴奋的任务放在首位，虽然这一活动并不是站在愉悦原则的反面，但是独立于愉悦原则，并在某种程度上无视它。

强迫性重复——我们已经知道，它不只在婴幼儿早期的心灵活动中出现，也会在精神分析治疗中出现——的表达十分明显地呈现本能驱力的特征，而当它们与愉悦原则相抵触时，就仿佛有股“魔力”在活动。通过观察儿童的游戏，我们似乎可以看出，儿童之所以不断重复不愉悦的体验，是因为主动体验比被动体验更能让他们掌控那种强烈的感受。他们追求的是掌控，而每一次重复似乎都能加强这种掌控。对于愉悦的体验也是如此，儿童重复再多遍也不会满足，并且严格地坚持每一次重复都一模一样。不过，这种特质会在儿童长大后消失。一个笑话听第二遍基本就不好笑了；一场戏剧表演再看一次，也不会再产生最初的印象；就算一个成年人再喜欢某一本书，我们也很难说服他再读一遍。新奇永远是享受的前提条件。然而，儿童似乎永远不会厌倦，总是让大人重复做给他看，或者重复和他一起玩，直到他自己筋疲力尽。当他听到一个喜欢的故事时，就会想一遍又一遍地听，而不是听一个新的故事。儿童坚持重复得一模一样，并修正讲述者为了获得一点儿新意而做出的任何一丝改变。这种行为并没有违背愉悦原则，很明显，重复并且重复得一模一样本身就是愉悦的源泉。另外，接受精神分析的病人也很明显地在移情中重复婴幼儿时期的事件，这种强迫从各个方面来看都超越了愉悦原则。病人的行为与婴幼儿的十分相似，这告诉我们，最初经验中被压抑的记忆痕迹在他身上并不是以被约束的状态存在的，实际上也不能被称为次级精神过程。正是由于这种不受约束的特性，这些记忆痕迹才能够依附于一天的残余痕迹，形成希望中的幻想，并在梦中表现出来。当治疗结束时，我们希望病人完全脱离医生，此时同样的强迫性重复经常构成治疗上的障碍。并且，我们可以假设那些不熟悉精神分析的人也暗暗地焦虑着——害怕唤醒一些什么，宁愿让它们沉睡——他们所害怕的，其实就是似乎具有“魔力”的强迫性重复。

不过，本能驱力与强迫性重复又有何种关联？说到这里，我们必然会萌生这样的疑虑：我们只是偶然发现了本能驱力——或广义的有机生命——的一丝踪影，却没有在整体上清楚地认识它，或者至少没有明确强调出来。本能驱力是有机生命中固有的一股迫切感，企图恢复生命实体在外部干扰力量的压力下被迫放弃的早期状态，也就是说，它是有机生命的一种弹性，再换种方法说，它是有机生命所固有的惯性的表现。[13]

这样来定义本能驱力，可能听起来很奇怪，这是因为我们已经习惯于本能驱力中那些推动变化和发展的元素，而我们现在应该认识到它的另一面，即生命的保守本质。我们很容易联想到动物中那些似乎能够证实本能驱力保守本质的例子。一些鱼类会在产卵季节前后进行艰苦的迁徙，以将卵产在远离其通常居住的水域。根据生物学家的解释，这些产卵地其实是同一物种较早的居住地，但随着时间的推移，它们的居住地换到了别处。据说这同样适用于候鸟的迁徙飞行。很快我们就发现不必找到更多的例子，因为我们在遗传现象和胚胎学事实中发现了有机体强迫性重复的最显著的证据。我们发现，活体动物的胚胎在其发育过程中重复了（尽管颇为粗略）该动物起源演化过程中的所有形态结构，而不是直接通过最短的路线完成其最终的形态。机械性原因只能解释这种现象中的很小一部分，所以历史性原因是不可忽视的。此外，一些动物还具有再生能力，能够长出完全相同的新器官来代替失去的器官。

对此，很容易出现一种反对意见，即除了迫使人们重复的保守本能，应当还存在其他推动改革和进步的本能。这一点当然不能不考虑，我们将在后面将它纳入考量。但是，我们可能会首先倾向于遵循这样一种假设，即所有本能驱力都希望将事物恢复到早先的状态，结果，这就产生了一种“深奥”或神秘的印象，但我们知道，我们并没有这样的目的。我们所寻找的是清晰的研究结果或在此基础上的推理，我们想赋予它们的只有确定性，而没有除此之外的任何特征。

因此，如果所有有机体的本能驱力都是保守的、从历史上获得的，并指向退行（恢复到早先的状态），那么我们就必须将有机体的一切发展归因于具有破坏性的、能够分散注意力的外在影响。原初的生命体从一开始就不想改变，因此如果条件保持不变，它们就会不断重复同样的生命过程。然而，地球的发展历史及其与太阳的关系终究还是在有机体的发展中留下了印记。保守的有机体本能驱力把生命过程中的每一次强制改变加以吸收和存储，以供后续的重复，因此它们必须给人一种力求改变和进步的欺骗性印象，而实际上它们只是用新的方法达成旧的目标。可以说这是所有有机体所追求的最终目标。如果生命的目标是达到一种前所未有的状态，那么就会与本能驱力的保守性质相悖。因此，生命的目标必须是达到古老的、初始的状态，生命曾一度偏离这种状态，然后它用尽一切努力迂回地回归。如果我们能够接受这样一种经验，即一切生物都因内在原因而死亡，然后回归无机状态，那么我们只能说，所有生命的目标都是死亡。回望历史，我们发现：无生命的存在先于有生命的存在。

不知何时，生命的属性在无生命的物质中被一种我们至今无法想象的力量唤醒。这一过程也许类似于后来某一层的生命物质产生意识的过程。当无生命的物质萌发生命之后，出现了一种向原本的状态回归的紧张，这就是回归无生命状态的本能驱力。对于该阶段的生命体来说，死亡很容易发生，它们的生命路径很短，其走向是由原初生命的化学结构决定的。在很长一段时间里，生命物质可能一次又一次地被创造出来，它们依然很容易死亡，直到受到了某种决定性的外部影响，该生命物质由此逐渐偏离原来的生命路径，其走向变得越来越复杂，直到实现死亡的目标。保守的本能忠实地维持着通向死亡的迂回路途，塑造了我们今天的生命现象图景。如果从本能驱力的纯粹保守性质出发，我们无法得出关于生命起源和目标的其他猜想。

与上述结论同样令人感到困惑的，就是我们相信在有机体的生命现象背后存在大量的本能驱力。我们认为，所有生物都具有自我保护的本能驱力，这与所有生命体都服务于死之本能（Todestrieb）的前提形成了鲜明的对比。从这个角度来看，自我保护、权力和声望的本能驱力的理论意义降低了，它们只占本能驱力很小的一部分，旨在确保有机体按照自己的路径死亡，避免有机体通过其他路径变回无机物。但是有机体对抗世界的努力无法得到解释，这一神秘的决心被忽视了。最后我们发现，生命有机体只想按照自己的路径死亡，而那些守护生命的本能其实是在守护死亡。这就产生了一个悖论，生命体强烈地抵抗可能帮助它以更短的路径（可以说是捷径）达成其生命目标的影响（危险）。这类行为体现的是纯粹本能的特征，而非理性的特征。[14]

如果我们细想会发现，这是不可能的！在神经症理论中占有特殊地位的性本能，就呈现出完全不同的特征。并非所有有机体都屈服于推动它们不断发展的外部强迫。许多有机体如今依然保持着低水平，它们到现在依然存在，虽然不是全部，但仍有很多，它们的状态类似于高等动植物的初级阶段。同样，并非所有构成高等生物的复杂躯体的基本有机体都会经历整个发展路径直至自然死亡。其中一些，如生殖细胞，保留了生命物质的原始结构，并装载了所有遗传的和新获得的本能系统。到了一定时期，它们将自己从整个有机体中分离出来。或许这两种特性让它们可以独立存在。如果处于有利条件下，它们就会开始发育，这是对其起源的重复。结果，它们的一部分物质继续发展到最后，而另一部分则充当新的生殖细胞遗留下来，回到发展的起点。通过这种方式，这些生殖细胞对抗生命体的死亡，并且似乎拥有实现永生的潜力，即使这可能只意味着死亡之路的延长。它们需要通过和其他与其相似但又不同的细胞结合，才能实现这一成就，这一事实对我们来说是最重要的。

这些本能庇护着在个体中生存下来的基本有机体，在个体对外界的刺激毫无防备时提供安全的庇护，使其与其他生殖细胞相遇，诸如此类的本能构成了性本能的集合。性本能与其他本能一样是保守的，都是在恢复早先生命物质的状态，但性本能其实还要更加保守，因为它们被证明对外部因素具有特别的抵抗力。从广义上看，它们能够长期保存生命。性本能才是真正的生之本能，因为它们与其他本能的目的背道而驰，其他本能都通往死亡。神经症理论认为性本能与其他本能之间的区别非常重要。生命有机体具有一种摆动的节奏：一组本能驱力向前冲，以便尽快达到生命的终极目标；而另一组本能驱力则在道路上的某一点掉转方向往回冲，从某一点开始重复，从而延长这条道路。尽管在生命初期，性欲（Sexualität）和两性之间的差异尚不存在，但那些后来成为性欲的本能驱力仍有可能从一开始就活跃着，它们与“自我本能”（Ichtriebe）的对抗不只是后来的事情。

现在，让我们暂停，反思一下这些猜测是否都有根据。除了性本能和那些寻求恢复早期状态的本能，真的就没有其他本能驱力了吗？我知道，在有机体的世界中，一定找不到与我们所提出的这些特征相矛盾的例子。在动植物世界中，虽然存在向更高层次发展的现象，但我们无法确定其中存在向更高层次发展的普遍冲动。从另一个方面来看，当我们宣称一个发展阶段高于另一个阶段时，往往只是我们的判断问题。生命科学告诉我们，当生命体发展到某一个点时，往往会出现其他方面的退行所导致的平衡与抵消。还有非常多的动物物种，在其发育早期就已经呈现出退行的特征。进步和退步都可能是外部力量推动适应的结果，本能驱力在这两种情况下的作用可能仅限于保留强加的变化，作为愉悦的内在来源。[15]

我们当中也许有不少人难以舍弃这样一种信念，即人类自身存在一种追求完美的动力，而且这种动力使人类达到了目前的脑力成就和道德升华（Sublimierung）的高度，甚至可能发展成为超人（Übermenschen）。但是，我不相信存在这样的内在本能驱力，也无法接受这种美好的幻想。在我看来，人类迄今为止的发展与动物的发展并无不同，不需要其他解释。而人们在少数人身上观察到的对进一步完善的迫切冲动，则很容易被解释为本能受到压抑的结果，人类文化中最有价值的东西就是建立这之上。即使本能驱力被压抑，它们也从不放弃对完全满足的追求，其存在于重复一种主要的满足体验之中；所有的替代、反向形成和升华都不足以缓解不断产生的紧张情绪，在得到的满足与要求的愿望实现之间的差异导致驱动力的形成，它不允许停留在某种情境中；用诗人的话，即“总是肆无忌惮地向前推进”（《浮士德》第一部“书斋”一章中梅菲斯特的台词）。后退的、满足的路径通常为（由压抑维持的）阻抗所阻挡，因此，除了朝着仍然自由的另一个发展方向前进，别无他法——尽管不存在完成这一过程并达到目标的希望。在神经症性恐惧症的形成过程中所发生的，无非是试图逃避满足本能的冲动，这为我们展示了这种“追求完美的本能驱力”模式是如何出现的；不过，我们不可能认为所有人类个体都具备这种追求完美的本能驱力。虽然这一发展的动力学条件在一般情况下确实存在，但有利于这种现象的经济条件似乎只在极少数情况下才会出现。

Ⅵ

我们迄今为止的结论是把“自我本能”和性本能放在了鲜明对立的位置上，认为前者追求死亡，后者保存生命，这种结论在很多方面都无法令人满意。只有在讨论前者时，我们才能称本能驱力是保守的（或者更确切地说，是退行的），对应于强迫性重复。因为根据我们的假设，自我本能源于无生命物质的生命化，其想要恢复无生命状态。至于后者，也就是性本能——显然它们再现了生命体的原始状态，它们的目标却是用尽一切努力来实现两个分化的生殖细胞的结合。如果没有成功结合，那么生殖细胞就会像多细胞生物的其他元素一样死亡。只有在成功结合的情况下，性功能才能延续生命，让生命体看起来不会死亡。但是，就有性生殖或其前身——原生生物的交配——而言，它们重复了生命体发展中的哪些重要事件？这个问题我们不知道该如何回答；如果这是因为我们的整个思想结构都错了，我们大概会松一口气。因为这样一来，自我本能（死之本能）和性本能（生之本能）之间就不必是对立的了，强迫性重复也会变得没有意义。

下面，我们将回到一个假设上，看看能否明确地推翻它。我们的所有结论都建立在一个基础上，即假设所有生物都必然死于内在原因。我们很武断地做出了这样的假设，因为它看起来如此顺理成章。我们习惯于这种想法，我们的诗人给了我们灵感。也许我们会做这样的假设，是因为这种想法令人宽慰。如果每个人都会死亡，都会经历亲人的死亡，那么他就会宁愿屈从于不可抗拒的自然法则，屈从于崇高的必然性（Ἀναγκη），也不愿屈从于本可以避免的偶然。然而，这种认为死亡具有内在原因的信念，也许只是我们"为了忍受生存的艰辛"而创造的幻想。这显然不是原始的信念，原始民族也没有"自然死亡"的概念，他们将每一次死亡都归因于敌人或恶灵的影响。我们不能放弃运用生物学去解释这种信念。

一旦试图运用生物学，我们可能会惊讶于生物学家在自然死亡问题上居然有如此多样化的意见，他们甚至并未确认死亡的概念。至少，高等动物有一定的平均寿命，这一事实支持了因内在原因而死亡的观点，但是一些大型动物和大树活到了难以估计的高龄。根据W. 弗利斯（W. Fließ）的宏大构想，有机体的所有生命现象——当然也包括死亡——都与某些受约束的特定期限的完结相关，其中包括两类生物（雄性和雌性）对太阳年的依赖性。但是，我们观察到，外部力量能够改变生物的表现（尽管难易程度和广泛程度不同），特别是在植物世界中，外部力量可以提前或推迟它们的生命周期。这些观察与弗利斯的僵化公式相悖，至少是人们对其规则的唯一主导性产生了怀疑。

A. 魏斯曼（A. Weismann）的作品引起了我们极大的兴趣，其处理了生命有机体的寿命和死亡的主题。[16]他的研究表明，生命有机体可以分为必死的和不死的两类。必死的是严格意义上的身体，即肉体，只有它会自然死亡；生殖细胞是不死的，因为它能够在某些有利条件下发育成新的个体，或者说用新的体细胞环绕自己。[17]

这里让我们着迷的是，这种观点与我们的概念出人意料地类似，虽然两者得出结论的路径不同。魏斯曼从形态学的角度去思考生命有机体，然后认识到一种成分必然会死亡，那就是肉体，即除了性和遗传物质之外的身体；种质（Keimplasma）则是不死的，它们负责物种的保存和繁衍。我们研究的不是生命有机体，而是在其中活跃的力量，并从中区分出两种本能驱力，一种是想要把生命引向死亡的自我本能，另一种是总是在努力更新生命的性本能。这听起来就像是基于魏斯曼的形态学理论的动力学推论。

但是，当我们听到魏斯曼关于死亡的观点时，看似一致的表象很快就消失了。魏斯曼认为，只有对多细胞生物而言，才有必死的躯体与不死的种质的区别；对单细胞生物而言，躯体细胞和生殖细胞是一回事。[18]因此，他声称单细胞生物可能是不死的，死亡只发生在后生动物（Metazoen），即多细胞生物中。高等生物的死亡是自然的死亡，是由内在原因引起的死亡，但这并不是生命物质的原始属性[19]，不能理解为编织在生命本质中的绝对必然性[20]。不如说死亡是一种权宜之计、一种适应外在条件的现象，因为与细胞分化为躯体细胞和种质相比，个体拥有无限的寿命是一种相当不明智的奢侈。随着这种分化在多细胞生物中的出现，死亡变得可能，而且还很方便。从这时起，高等生物的躯体细胞就会在某一时刻由于内在原因而死亡，但原生生物依然保持不死。另外，生殖不仅是随着死亡而出现的，它更像是生命物质的原始属性；它自生命从地球上出现时起，就一直持续存在。[21]

不难看出，承认高等生物能够自然死亡对我们的研究并没有什么助益。如果死亡是生物后来才获得的，那么就不能说死之本能是随着地球生命的起源而出现的。而多细胞生物可能因内在原因而死亡，例如分化上的缺陷或新陈代谢上的缺陷。这对我们所关心的问题也毫无帮助。但这种死亡概念和推导方式肯定要比“死之本能”的奇怪假设更接近人们日常的想法。

我认为，魏斯曼的理论所引发的讨论并没有产生任何决定性的结果。[22]一些学者回归到戈特（Goette）1883年所持的立场，认为死亡是繁殖的直接后果。哈特曼（Hartmann）并没有把死亡描述为“尸体”的出现，即生命物质的死亡，而是将其定义为“个体发展的结束”。从这个意义上说，原生动物也是会死的。对它们而言，死亡总是与繁殖同时发生，却在某种程度上被繁殖遮蔽了，因为亲代动物的全部遗传物质都可以直接转移到后代身上。

研究者的兴趣很快转向了测试所谓的单细胞生物中生命物质不死的特征。美国人伍德拉夫（Woodruff）培育了一种纤毛虫。那是一种通过分裂而繁殖的草履虫，伍德拉夫一直跟踪观察这些生物，每次都分离出其中的一部分后代并放入淡水中，直到第3029代，然后放弃了实验。第一代草履虫的晚期后代与其祖先一样鲜活，没有任何衰老或退化的迹象，因此，如果这里的计数没错，那么原生生物的不死特征似乎已被实验所证明。[23]

但其他研究者得出了不同的结论。与伍德拉夫相反，莫帕斯（Maupas）、卡尔金斯（Calkins）等人发现，纤毛虫在经过一定数量的分裂后，会变弱、缩小、失去一些组织，并最终死亡，除非它们受到某些全新的影响，也就是说，原生动物在经历衰老阶段后会死亡，就像高等动物一样。这与魏斯曼的观点完全相反，他认为死亡是生命有机体在后来才获得的。

从这些研究中，我们可以挑出两个能够为我们提供坚实支持的事实。第一个事实：当微生物还没有表现出任何衰老迹象时，就可以成对地“交配”——一段时间后，它们会再次分道扬镳——那么它们就不会衰老，它们已经“重生”了。这种交配无疑是高等生物有性繁殖的先驱；它与繁殖无关，仅限于交换两个个体的物质（魏斯曼所说的两性融合）。然而，交配带来的全新影响可以被某些兴奋剂、营养液成分的变化、温度的升高或摇晃取代。回忆一下，J. 罗布（J. Loeb）曾做过一个著名实验，他用某些化学刺激迫使海胆卵分裂，而这原本只有在其受精后才会发生。

第二个事实：纤毛虫其实也能够经由其生命过程走向自然死亡。伍德拉夫的实验结果之所以与其他人的不同，是因为伍德拉夫每次都把新生代放入新鲜的营养液中。他如果没有这样做，就会观察到与其他研究者相同的结果——纤毛虫在经历几代之后开始衰老。他得出的结论是，微生物被其自身释放到周围液体中的新陈代谢产物损害，他得以令人信服地证明，只有它们自己的新陈代谢产物才有这种会导致某一代微生物死亡的作用。因为微生物能够在其他物种的代谢产物过饱和的溶液中生存，在这样的溶液中，原本的物种肯定会死亡，但其他微生物却能够生机勃勃。这时，如果不再给纤毛虫更换溶液，那么由于其自身代谢物无法完全消除，它们也会自然死亡。也许，所有高等动物的死亡都是因为相同的无能力。

我们可能会怀疑，在原生动物研究中寻找自然死亡问题的答案是否妥当。这些生物的原始组织可能让我们无法看清一些重要关系，虽然这些关系也在原生动物身上发生着，却只有到了高等动物身上才能被识别。如果我们离开形态学视角，转而采用动力学观点，就会发现原生动物是否自然死亡对我们来说其实无关紧要。原生动物身上的不死的物质与必死的物质是无法区分的。想要化生为死的驱动力，可能从一开始就在发挥着作用，但是其作用被维持生命的力量掩盖，所以我们很难直接证明其存在。不过，生物学家的观察也表明，我们可假设这种导致死亡的内在过程也适用于原生生物。即使按照魏斯曼的说法，我们接受原始生物是不死的，但是魏斯曼关于生物要到后期才发展出死亡的断言只适用于死亡的明显表现形式，并不会影响推动死亡过程的假设。我们一开始期望生物学能够彻底消除死之本能存在的可能性，但这一期望并没有实现。如果我们能够发现其他证据，就会继续考虑这种可能性。魏斯曼对躯体与种质的区分和我们对死之本能与生之本能的区分，依然十分相似，并且也很有价值。

让我们简要讨论一下关于本能生命的精妙二元论。关于生命物质所经历的过程，E. 赫林（E. Hering）提出了一种理论，他认为有两种方向相反的过程在持续发生，一种是建设—同化的，另一种是拆解—异化的。我们是否能够大胆地用这两种生命过程来印证我们所提出的两种本能冲动——生之本能和死之本能——的活动？还有一件我们不该隐瞒的事，即我们已经意外闯入了叔本华的哲学港湾。叔本华认为，死亡是“原本的结果”，在某种程度上是生命的目的[24]，而性本能则是生之意志的体现。

让我们大胆尝试再向前一步。按照一般的理解，多个细胞结合成一个有生命的联合体，即有机体的多细胞性，这是其延长寿命的一种手段。每一个细胞都有助于维持其他细胞的生命，即使个别细胞必须死亡，多细胞状态依然可以存在。我们已经知道，如果两个单细胞生物暂时融合，双方都会得到维持生命和恢复活力的好处。据此，我们可以试着把精神分析的力比多理论套用在细胞之间的关系上，想象在细胞中活跃的生之本能或性本能把其他细胞作为客体，部分地中和其他细胞的死之本能，从而使它们保持生命力。其他细胞也在做同样的事，还有一些细胞在行使这种力比多功能时会牺牲自己。生殖细胞本身会表现出绝对“自恋”，这里所说的自恋与我们在神经症理论中所习惯使用的相同，是指一个完整的个体将其力比多保持在自我中且不把它们用于客体贯注（Objektbesetzung）。生殖细胞需要力比多，即其生之本能的活跃，作为它们后来要进行的极富建设性的活动的储备。或许人们也可以宣称，破坏有机体的恶性肿瘤细胞也具有这种自恋。病理学界已经公认这些细胞与生俱来，并承认它们具有胚胎的特性。所以，就像诗人和哲学家称爱神将所有生命连接在一起，性本能的力比多也起到这一作用。

现在，让我们趁机审视力比多理论的缓慢进展。对移情性神经症的分析让我们不得不把指向客体的“性本能”与其他我们远未厘清的本能（暂时叫作“自我本能”）区分开来。我们还必须承认，存在着为自我保护服务的本能驱力。至于其他类型的本能驱力，我们尚不清楚。如果想要构建正确的心理学，没有什么知识比对本能的共同性质和可能的特殊性质的洞察更重要的了。但在所有心理学领域当中，我们对此的了解是最少的。谁都可以提出他所偏好的本能驱力或“基本本能”，用古希腊的自然哲学家对待水、土、火和气四种元素的态度来处理它们。对于精神分析而言，关于本能驱力的任何假设都是不可回避的，它曾一度采用流行的区分方法，如以“饥饿与爱”为关键词。这并不是什么武断的做法。这种方法为精神神经症的分析提供了很大的帮助。“性欲”的概念以及性本能的概念不断被扩大，直到它涵盖了许多与生殖功能无关的内容。在这个严格而精致的（或仅仅是虚伪的）世界上，这一做法引起了太多的喧嚣。

接下来的步骤是精神分析应当更深入了解心理学上的自我。最初，人们只把自我当作一个压抑的、审查性的机构，认为其能够建立保护性结构和反向形成。批评者和其他有远见的思想家早就开始反对将力比多的概念限定为指向客体的性本能能量。但是，他们都没有说出更好的意见，也没有得出任何对分析有用的东西。随着精神分析的缓慢发展，我们惊讶地发现，力比多经常从客体中抽离并指向自我（内倾）。通过对儿童的研究，我们还得出结论：在最初阶段的力比多发展中，自我是力比多真正的原始储存库，后来力比多才被投向客体。我们发现自我也是性欲的客体，并旋即认定其是最重要的一个。如果力比多像这样停留在自我中，就成了自恋。[25]当然，这种自恋的力比多也是分析意义上的性本能力量的表达，我们不得不把它与一开始承认的“自我保护本能”联系起来。于是，关于自我本能和性本能相对立的论断就变得不够充分了。自我本能的一部分属于力比多；在自我中，性本能很活跃，可能还有其他本能同样活跃。但我们有权说，精神神经症建立在自我本能与性本能之间的冲突之上，这种旧理论仍有道理，今天我们也不需要去否定它。只不过，两种类型的本能驱力之间的区别，原先我们以为是性质上的，现在我们认为是地形上的。特别是移情性神经症——精神分析的真正研究对象——仍然是自我和力比多客体贯注之间冲突的结果。

现在，我们要更加强调自我保护本能驱力的力比多特征；我们勇敢地更进一步，将性本能视为维系万物的爱神，也会从使躯体细胞紧密结合的力比多贡献当中提取出自我的自恋力比多。但是，我们马上又发现了一个问题：如果自我保护本能驱力也具有力比多的性质，那么也许除了力比多本能驱力，就没有其他类型的本能驱力了。至少我们看不到其他类型的存在。这样一来，我们就不得不认同那些从一开始就质疑精神分析用性来解释一切的批评者，或者同意那些自发地决定把“力比多”一词用作“本能动力”（Triebkraft）的创新者，比如荣格。难道不是这样吗？

然而，这个结果并不是我们想要的。与之相反，我们的假设是：自我本能、死之本能与性本能、生之本能是截然不同的。我们曾经打算把自我保护本能驱力列入死之本能中，后来我们纠正并撤回了这种说法。我们的理论从一开始就是二元的，现在更是如此，因为我们不再把对立的两方命名为自我本能和性本能，而是命名为生之本能和死之本能。而荣格的力比多理论则是一元论的，他称唯一一种本能动力就是力比多。虽然这造成了混乱，但我们不应该被他影响。我们怀疑，自我中除了有力比多性质的自我保护本能驱力，还活跃着其他本能驱力，我们应该把它们搞清楚。但令人遗憾的是，对自我的分析进展甚微，以致我们很难做到这一点。然而，自我的力比多本能驱力可能以一种特殊的方式与我们仍然并不熟知的其他自我本能联系在一起，甚至在我们清楚地认识自恋之前，精神分析就已经假设“自我本能”会吸引力比多成分。但这些都是极不确定的说法，基本不会被我们的对手注意到。不幸的是，到目前为止，精神分析只能证明力比多本能驱力的存在。我们不愿意就这样断定其他本能驱力是不存在的。

鉴于本能驱力理论仍然很不明朗，我们大约不会拒绝任何能够带给我们启发的想法。我们已经确定了鲜明对立的生之本能与死之本能。对客体的爱本身向我们展示了第二组对立，即爱（温柔）与恨（攻击）。如果我们现在能够将这两组对立相互联系起来，让一组对立派生出另一组就好了！我们已经认识到性本能的施虐狂（Sadismus）成分[26]；正如我们所知，这种成分可以是独立的，并且作为一种变态主宰着一个人的全部性追求。这种成分也是所谓“前生殖期的组织”的主导部分。那么，人们是如何从追求生命维持的情欲中萌生出旨在伤害客体的施虐狂本能驱力的呢？假设施虐狂实际上是一种死之本能，它被来自自我的自恋力比多的影响推到一边，因此只在客体上显现。但这并非不合理，于是，施虐狂进入了为性功能服务的范畴。在力比多的口欲期，它同时负责掌控爱和毁灭客体；后来施虐狂本能驱力被分离出来，到了生殖器优先的阶段，为了生殖的目的，在进行性行为所需的范围内，它承担了掌握性客体的功能。是的，可以说，从自我中引出的施虐狂为性本能的力比多成分指出了方向；后来，它们便被转移到了客体身上。只要原来的施虐狂没有降低或消融，就会造就爱情生活中常见的爱与恨的矛盾双重性。

如果上述假设被接受了，那么我们就成功找到了一个关于死之本能的例子——尽管它被放置到了别处。只是这种论述谈不上清晰，甚至让人觉得云遮雾绕。我们被质疑是不是在不择手段地从困窘之中寻求出路，但是我们可以诉诸这样一个事实：这种假设并不是全新的，而是早已有之，且我们并非处于窘境。之前的临床观察让我们不得不相信，与施虐狂相对应的受虐狂的部分本能驱力，应当理解为是施虐狂对自我的反击。[27]原则上，不论本能驱力是从客体转向自我还是从自我转向客体，是没有区别的，但现在这成了一个新问题。受虐狂，即本能驱力指向自我，实际上是回到了较早的阶段，是一种退行。之前我们对受虐狂的描述过于绝对，因此需要修正；受虐狂也可能是初级的——我曾经否定过这种可能性。[28]

不过，让我们再回到维持生命的性本能上。我们已经从对原生生物的研究中了解到，两个个体的融合，即使随后没有因交配而分裂，而是很快分离，也能够对双方都产生增强和恢复活力的效果［参见利普舒茨（Lipschütz）］。它们的后代也没有显示出退化的迹象，并且似乎能够更长时间地抵御自身新陈代谢的有害影响。我想这一观察也可以作为性结合效果的典型。但是，两个略有不同的细胞的融合怎么会带来这样的生命更新呢？用化学甚至机械刺激的作用代替原生动物交配的实验（出处同上）可能给出了一种答案：通过提供新的刺激。这还与以下假设非常吻合：个体的生命过程由于内在原因而通向化学紧张的平衡，即死亡，而与其他不同生命物质的结合能够增加紧张，也就是说，能够引入新的可供消磨的生命力差值，随后以此生存。这种差异当然也会有一种或几种最佳条件。我们已经知道，心灵生活的主要趋势——可能也是一般的神经生活的主要趋势——是降低、消除或维持内在紧张［用芭芭拉·洛（Barbara Low）的话说是涅槃原则（Nirwanaprinzip）］，就像愉悦原则所表达的那样，这也是促使我们相信死之本能存在的最强烈的动机之一。

然而，我们的思路仍然受到了严重的干扰，我们无法证明性本能具有强迫性重复的特征，但一开始是强迫性重复让我们发现了死之本能。胚胎发育过程中，强迫性重复现象比比皆是，有性生殖的两个生殖细胞及其生命史本身就是在重复有机生命诞生的过程，但性本能所指向的过程，本质上是两个细胞的融合。只有这样，生命物质的不死性才能在高等生物中得到体现。

也就是说，我们应该提供关于有性生殖的起源和性本能的起源的信息。这项任务不但会令外行人士束手无策，就连专业研究人员目前也无法完成。因此，对于所有相互冲突的陈述和意见，我们只强调那些与我们的思路有关的内容，作为一个非常简短的总结。

有一种观点把繁殖当作一种特殊的生长现象（就像通过分裂、发芽和出芽而实现的繁殖），从而消除了生殖问题的神秘魅力。根据达尔文的理论，我们可以想象，有两性分化的生殖细胞的繁殖是这样来的：曾经有两个原生生物，它们偶然发生了交配，并且产生了某种优势，于是这种优势在后来的发展中被保留并被进一步利用。[29]因此，“性别”并不是特别古老，引起性结合的本能驱力虽然看起来特别强烈，其实是在重复曾经偶然发生却被证明有利的过程。

和关于死亡的问题一样，我们是否应该把原生生物的情形套用在高等生物上，还是说，我们可以假设在高等生物中观察到的力和过程都是首先在原生生物上产生的。就我们的目的而言，上面这种对性欲的定义没什么太大用处。有人可能会反对，认为这可以证明生之本能早就存在于最简单的生物身上，否则与生命过程相抵触，并使死亡的任务变得更加困难的交配就不会被保留下来，而是被抛弃掉。因此，我们如果不想放弃对死之本能的假设，就必须从一开始便把生之本能与死之本能联系起来。我们不得不承认，这就像在研究一个有两个未知数的方程。在科学中，关于性别起源的内容少之又少，我们可以形容它是一片漆黑，没有一丝光线从中穿透。然而，我们在另一个领域中发现了一个假设，但它极具想象力，与其说是一种科学解释，倒不如说是神话。若非由于它恰好满足了我们需要的唯一条件，我也不会冒险在这里引用。它追溯了需要恢复到早期状态的本能驱力的起源。

我指的当然是柏拉图在《会饮篇》[30]中借用阿里斯托芬之口道出的理论，它不仅涉及性欲本能的起源，也涉及其遇到客体时所发生的最重要的变化："从前的人和现在不一样。从前的人本来分成三个性别，不像现在只有两个性别。在男人和女人之外，从前还有一种人不男不女，亦男亦女……"[1]但这些人身上的一切都是双倍

---

[1] 本句中文译文及下文宙斯所述译文摘自王太庆译《会饮篇》，商务印书馆，2013年。——译者注

的，他们有四只手、四只脚、两张脸、两个生殖器等。然后宙斯提议把每个人剖成两半："就像切水果做果脯……"，"人这样剖成两半之后，这一半想念那一半，想再合拢起来，常常互相拥抱不肯放手……"。[31]

我们是否应该追随这位诗人兼哲学家的建议，从而假设生命体在获得生命时被撕成小块，并因此努力通过性本能重新合拢？是否能假设这些本能驱力（它们延续了无生命物质的化学亲和力）从原生生物王国开始，在充斥着危险刺激（这些刺激迫使它们形成保护层）的环境中克服艰难险阻，最终获得了成功？是否能假设这些被撕成小块的生命物质因此获得了多细胞性，并最终把重新合拢的本能驱力（以最浓缩的形式）传递给生殖细胞？我想，我应该在这里打住。

我还必须追加一些批判性的反思。有人可能会问，我在这里提出的假设，自己是否相信？我的回答是：我并不相信，我也不要求别人相信。更确切地说：我不知道我对它们有几分相信。在我看来，信念之类的情感因素在这个问题上根本不值得考虑。一个人当然可以出于对科学的好奇而投入一个思想体系，追随它走下去；或者，如果他愿意，也可以做魔鬼的辩护人（*advocatus diaboli*），他不会因此就把自己出卖给魔鬼。关于我在这里论证的本能理论的第三步，我要承认它不像前两步——性欲概念的扩展和自恋概念的提出——那样具有确定性。前两步都是直接将观察转化为理论，除了一些不可避免的错误，没有其他错误来源。关于本能驱力的退行特征，当然也基于观察到的材料，即强迫性重复这一事实。但是，我有可能高估了这些材料的重要性。无论如何，想要得到这个理论，唯一的方法就是将事实与想象结合在一起，并因此不得不脱离观察。众所周知，在构建理论的过程中这样做的次数越多，最终结果就越不可靠，至于有多不可靠，则无法确定。我们有可能正中红心，也可能误入歧途。在做这种工作时，我不相信所谓的直觉，我觉得我看到的更像是某种公正的智力的成就。不幸的是，当谈到终极问题，即科学和生活的重大问题时，少有人能保持公正。我认为，每个人都会被根深蒂固的偏好支配，并会不知不觉地将这些偏好与他的推断相结合。既然有了如此充分的质疑理由，我们大约只能冷静地期待自己的智力努力能有好的结果。我得赶紧补充一句：这种自我批评绝不是要大家对不同的意见格外宽容，我们应该无情地拒绝那些与观察的最初步骤相矛盾的理论，但要明白自己所主张正确的理论也只是暂时正确而已。在评价对生之本能和死之本能的推断时，我们不会很在意其中出现的各种奇怪而晦涩的表达，比如一种本能驱力会被其他本能驱力推开，一种本能驱力从自我转向客体，等等。这是由于我们不得不使用心理学［确切地说，深层心理学（Tiefenpsychologie）］自身的形象化语言来工作。否则，我们根本无法描述相应的过程，实际上，我们甚至根本不会注意到它们。如果哪天我们可以用生理学或化学术语来取代心理学术语，或许我们可以消除这些描述上的缺陷。虽然生理学或化学术语也都是形象化的语言，但我们对它们熟悉的时间更长，或许理解起来更简单。

另外，我们也非常清楚，由于需要借用生物学的内容，我们的推断的不确定性也大幅增加了。生物学确实是一个有无限可能的领域，我们可以期待它带来最令人惊讶的解答，却完全猜不出几十年后它会给我们所提出的问题带来怎样的答案。这个答案也许会摧毁我们整个人为的理论架构。到时候，有人可能会问："我们为什么要做本篇文章所记述的工作？又为什么要报告它们？"那是因为我觉得这些类比、连接和联系是值得被考虑的。[32]

Ⅶ

如果本能驱力真的普遍具有想要恢复到以前状态的特征，那么我们就不必对心灵生活中有如此多独立于愉悦原则的过程感到惊讶。每一种本能驱力都具有这种特征，并且会根据其情况恢复到发展路径上的某一特定位置。这些便是不受愉悦原则所控制的情形，但是它们也并不完全违背愉悦原则，我们仍没有确定强迫性重复与愉悦原则的支配地位之间的关系。

我们已经知道，心灵装置最古老和最重要的功能之一是"约束"传入的本能冲动，用次级精神过程取代支配它们的初级精神过程，将它们的自由可动的贯注能量转化为静止（紧张）的贯注。虽然在转化过程中不会考虑到厌恶的发展，但并不意味着废除愉悦原则。相反，转化就是为愉悦原则服务的；约束是一种准备行为，它启动并确保了愉悦原则的统治地位。

让我们比以前更加清楚地区分功能与倾向。愉悦原则是一种倾向，其功能是使心灵装置保持去兴奋化，或者保持尽可能低或恒定的兴奋水平。我们尚不能够确定该选择哪一种说法，但是我们知道，这种功能存在于世界上的一切生物最普遍的努力中，即返回无机世界的静止状态。我们都有这样的经验，我们所能获得的最大愉悦（性行为的愉悦）与高度兴奋的瞬间消失有关。对本能冲动的约束具有一种准备功能，它为兴奋最终在释放的快感中消除做好了准备。

这又引出了另一个问题：愉悦或厌恶的感觉能否同样通过被约束的或未被约束的兴奋过程产生？似乎可以肯定地说，未被约束的初级过程在两个方向上产生的感觉比被约束的次级过程要强烈得多。初级过程在时间轴上出现得更早，它出现在心灵生活产生之初，此时还没有其他过程；我们可以推断，如果愉悦原则尚未在其中运作，那么后来的过程根本不可能将它建立。于是，我们就得出了一个完全不简单的结论，即在心灵生活产生之初，对愉悦的渴望比后来更为强烈，但也受到更多限制，它必须忍受频繁的干扰。在成熟时期，愉悦原则的主导地位更加稳固，但也难以避免被驯服，就像本能驱力一样。不论如何，兴奋过程中产生的愉悦或厌恶感觉既存在于次级过程中，也存在于初级过程中。

这将成为进一步研究的起点。我们的意识从内部向我们传达的不只是愉悦或厌恶的感觉，还传达了一种特殊的紧张，其本身可能是愉悦的，也可能是厌恶的。那么，我们能否根据这种感觉差异区分被约束的和未被约束的能量过程？或者，这种紧张的感觉是否与贯注的绝对幅度或水平有关，而愉悦或厌恶则反映了在一定的单位时间内贯注的幅度变化？还有一个值得注意的事实是，生之本能与我们的内在感知有着密切的关系，它们的浮现会打破平静，持续地制造紧张，而紧张被释放就会产生愉悦；死之本能则会避开风头，默默完成它的工作。愉悦原则似乎是为死之本能服务的，当然，愉悦原则也会监视来自外部的刺激，它们对于生之本能和死之本能都是危险的。但愉悦原则会更加关注来自内部的刺激，如果来自内部的刺激增多，会使生存任务变得困难。从这里出发，可以引申出无数问题，但现在我们没有答案。我们必须耐心等待研究方法的进展和机遇的到来。另外，如果有人沿着这个方向走下去，却似乎没有得到任何好处，那么请放弃它。如果有人因为研究者要进一步发展或转变他的观点而出言责备，那只是因为批评者本人习惯了教徒的身份，在宗教被推翻后把科学当成了新的宗教来膜拜。顺便说一句，关于科学知识的发展之缓慢，一位诗人的诗句［弗里德里希·吕克特（Friedrich Rückert）用德文翻译的《哈里里的马卡梅》[1]］，或许可以给我们带来安慰：

> 插翅难行，跛行赴会。
>
> ……
>
> 经书有言，跛足无罪。

[1] 马卡梅是一种阿拉伯文学体裁。——编者注

【原注】

1. 参见《关于战争性神经症的精神分析》（“Zur Psychoanalyse der Kriegsneurosen”），费伦齐、亚伯拉罕、西美尔和E. 琼斯对该文有贡献。收录于“国际精神分析”丛书（*Internationalen Psychoanalytischen Bibliothek*）第1卷，1919年。
2. 这种解释随后又从另一个观察中得到了印证。有一天，母亲离开了好几个小时，回来时男孩和她打招呼：“Bebi[1]，哦——哦——哦！”最开始，我们理解不了这句话。但很快事实就证明，在漫长的独处时间里，男孩发明了一种让自己消失的方法。他在比地面高一些的立柜镜中看见了自己的影象，然后蹲下来，让倒影“消失”。
3. 当男孩五岁九个月大时，他的母亲去世了。这时，母亲真的“走开”（哦——哦——哦）了，男孩没有表现出悲伤。但是在此之前，第二个孩子的出生却引起了他最强烈的嫉妒。
4. 参见《〈诗与真〉中的一段童年记忆》（“Eine Kindheitserinnerung aus „Dichtung und Wahrheit“ ”），《意象》，V/4，《关于神经症理论的小论文集》（*Sammlung kleiner Schriften zur Neurosenlehre*）第Ⅳ卷。
5. 参阅我写的《论精神分析技术Ⅱ：记忆、重复和完成》（“Zur Technik der Psychoanalyse Ⅱ: Erinnern, Wiederholen und Durcharbeiten”），《关于神经症理论的小论文集》第Ⅳ卷，第441页，1918年。

---

[1] 这里表现的依然是男孩发音不清楚，“Bebi”一词是“小男孩”的意思，代指男孩自己。——译者注

6. 马尔奇诺夫斯基，《自卑感的色情起源》（“Die erotischen Quellen der Minderwertigkeitsgefühle”），《性科学杂志》（*Zeitschrift für Sexualwissenschaft*）第Ⅳ期，1918年。

7. 参见荣格的文章中的相关评论：《父亲对个体命运之意义》（“Die Bedeutung des Vaters für das Schicksal des Einzelnen”），《精神分析年鉴》（*Jahrbuch für Psychoanalyse*），第Ⅰ辑，1909年。

8. 这完全基于布洛伊尔1895年发表的《癔症研究》理论部分的讨论。

9. 布洛伊尔与弗洛伊德合著，《癔症研究》，第三版（未更改版），1917年。

10. 参见《本能驱力与本能驱力的命运》（“Triebe und Triebschicksale”），《关于神经症理论的小论文集》第Ⅳ卷，1918年。

11. 《关于战争性神经症的精神分析》，导论，“国际精神分析”丛书第1卷，1919年。

12. 参见《梦的解析》第七章。

13. 我相信，关于“本能驱力”的性质的类似猜想已经被反复论述过了。

14. 顺便说一句，后来这种自我保护本能驱力的极端观点被修正了。

15. 费伦齐以不同方式得出了相同观点的可能性［《现实感的发展阶段》（“Entwicklungsstufen des Wirklichkeitssinnes”），《国际精神分析杂志》，第Ⅰ期，1913年］：“如果从这一思路延伸下去，人类也必定具备这种支配着有机生命的构想——顺带一提。退行的倾向主宰着有机生命，而进一步发展、适应等倾向，则只有在外在刺激下才会出现。”（第137页）

16. 《论生命的长度》（*Über die Dauer des Lebens*），1882年；《论生与死》（*Über Leben und Tod*），1892年；《种质》（*Das Keimplasma*），1892年。

17. 《论生与死》，1892年第2版，第20页。

18. 《论生命的长度》，第38页。

19.《论生与死》第2版，第67页。

20.《论生命的长度》，第33页。

21.《论生与死》，结语。

22. 参见马克斯·哈特曼（Max Hartmann），《死亡与繁殖》（*Tod und Fortpflanzung*），1906年；亚历山大·利普舒茨（Alex Lipschütz），《人为什么会死》（*Warum wir sterben*），宇宙图书，1914年；弗朗茨·多夫莱因（Franz Doflein），《动植物中的死亡与永生问题》（*Das Problem des Todes und der Unsterblichkeit bei den Pflanzen und Tieren*），1919年。

23. 关于这一点和下述内容，请参见利普舒茨，出处同上，参阅第26、52页。

24.《关于个人命运中明显的故意性》（*Über die anscheinende Absichtlichkeit im Schicksale des Einzelnen*），威廉·恩斯特大公（Großherzog Wilhelm Ernst）版本，第四卷，第268页。

25.《论自恋》（"Zur Einführung des Narzißmus"），《精神分析年鉴》，第Ⅵ辑，1914年；以及《关于神经症理论的小论文集》第Ⅳ卷，1918年。

26.《性学三论》（*Drei Abhandlungen zur Sexualtheorie*），第1版，1905年。

27. 参见《性学三论》，第4版，1920年，以及《本能驱力与本能驱力的命运》，载于《关于神经症理论的小论文集》，第Ⅳ卷。

28. 萨宾娜·斯皮勒林（Sabina Spielrein）已经预示了这一猜测的大部分，并记录在一部内容和思想都很丰富的作品中，只可惜我未能完全读懂。她将性本能的施虐狂成分描述为"破坏性的"。[《破坏作为发展的起因》（"Die Destruktion als Ursache des Werdens"），《精神分析年鉴》，第Ⅳ辑，1912年。] A. 施塔克则试图将力比多概念本身与生物学上的死亡驱动力概念在理论上联系起来（弗洛伊德《"文明"的性道德与现代神经疾病》等论文的荷兰语版本的翻译简介，1914年）。也参见兰克的《艺术家》。所有这些努力，就像本文中的努力一样，都表明了想要阐明本能驱力理论的渴望，但都没能完成。

29. 尽管魏斯曼（《种质》，1892年）也否认了这一优势："受精绝不意味着生命的恢复或更新，它对于生命的延续根本不是必要的，而只不过是一种混合两种不同的遗传倾向的手段。"此外，他还认为这种混合的作用是增加生物多样性。

30. 鲁道夫·卡斯纳（Rud Kaßner）译。

31. 感谢海因里希·冈珀兹（Heinrich Gomperz）教授（维也纳）提供了关于柏拉图神话起源的启示，我部分转述了他的话：我想提示的是，在奥义书中可以找到相同性质的理论。在《广林奥义书》第1. 4. 3节［多伊森（Deussen），《吠陀六十奥义书》，第393页］中，其中描述了世界从Ātman（自己或自我）中出现。诗句是这样说的："……但他（Ātman，即自己或自我）不快乐；也就是说，人在独处时，是不快乐的。因为他需要另一个人。他本身与一个女人和一个男人拥抱在一起时一样庞大。他把自己分成两半：于是就产生了丈夫和妻子。所以耶若婆佉才会这样解释，自我的这个身体其实是一半。缺失的一半要由女人来填满。"

　　《广林奥义书》是所有奥义书中最古老的一部，任何有判断能力的研究者都不会认为它的出现晚于公元前800年。与普遍的观点相反，我无法彻底否定柏拉图曾受到这些印度思想的影响，即使这种影响是非常间接的，而且柏拉图的轮回理论也让这一点不容置喙。这种依赖经过毕达哥拉斯学派传递给柏拉图，但是这并不会损害其所传递的精神的意义，因为如果一个故事本身对柏拉图来说不是真实的，他根本不会采用这样一个以某种方式从东方传统中传递到他身边的故事，更不用说赋予它如此重要的地位了。在K. 齐格勒（K. Ziegler）的论文《成为人和世界》［"Menschen-und Weltenwerden"，《古典古代新年鉴》（*Neue Jahrbücher für das klassische Altertum*），第31卷，1913年］中，齐格勒调查了柏拉图的有关思想脉络，认为其可以追溯到巴比伦时期的思想。

32. 在这里，我要用几句话澄清有关术语的命名，在讨论过程中，这些名称经历了一定的发展。“性本能”一词，表示我们认为它们与性别和生殖功能有关。后来，精神分析的研究结果让我们不得不承认它可能与生殖没有关系，但我们保留了这个名称。随着自恋力比多的确立和力比多概念从躯体细胞延伸开来，性本能转变为情欲，它试图把生命物质的各个部分堆在一起并将它们结合起来，而通俗意义上的性本能是指其中指向客体的那一部分情欲。接下来的推测是，情欲从生命之初就产生了影响，并以“生之本能”的形式出现，与之形成对立的，是想要恢复无机物状态而产生的“死之本能”。这些推断试图通过假定这两种本能驱力从最初就相互争斗，以此解开生命之谜。“自我本能”概念所经历的变化可能更加令人疑惑。最初我们使用这一术语来命名所有我们未能详细了解的，但是与指向客体的性本能不同的本能；自我本能与性本能的区别在于，性本能表达为力比多。后来，我们对自我进行了分析，认识到部分“自我本能”也具有力比多性质，并以自我为客体。所以，这一部分自恋的自我保护本能驱力也应当被归入力比多性质的性本能中。本来存在于自我本能与性本能之间的对立则转化为指向自我的与指向客体的本能之间的对立，两者同样具有力比多性质。然而，取而代之的是力比多（指向自我的与指向客体的）本能驱力与其他存在于自我但可能表现为破坏本能的本能驱力之间的对立。这些推测把这一对立转化成了生之本能（情欲）与死之本能之间的对立。

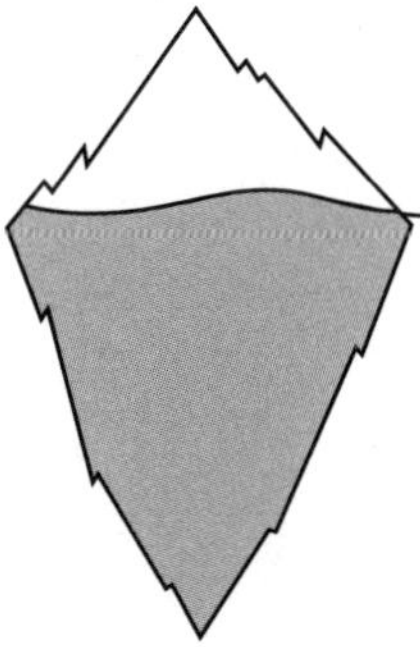

第2篇

群体心理学与自我分析

三颗钻
专家伴读

群体心理学与自我分析[1]

李孟潮

这篇论文非常重要，它提出了自体和客体的关系，通过认同这个防御机制而将其连接起来，即它论述了“精神分析心理结构冰山图”中的冰山和冰水相互转化的机制。

弗洛伊德在他1932年出版的《精神分析引论新编》中给这篇文章写过一个总结：“1921年我努力利用自我和超我间的分化研究群体心理学，由此获得了这样一个公式——心理群体是个体的集合，假如在他们的超我之中引入一共同的人物，并又以此共同人物作为基础，在各人的自我中互相认同，那便成为一种心理的集体。当然，这只适用于有领袖的群体。”

I 导论

弗洛伊德提出，作为个体的人，说到底是生活在群体之中的，所以研究个体的心理学和研究群体的心理学不应该割裂。他区分了小群体和大群体，小群体是客体关系“六老”，即老爸、老妈、老师、老板、老公/老婆、老小，大群体则是部落、民族、社会团体、阶级、机构等。他认为群体心理学或社会心理学是研究后者的。

他还提出一个问题：究竟是否需要假设一种群集本能的存在？后面给

[1] 本篇论文第Ⅸ节“合群本能”没有伴读。——编者注

出的答案，应该说是否定的。

Ⅱ　勒庞对群体心灵的描述

弗洛伊德在这一节对勒庞的名著《乌合之众》进行了内容总结和评价。

他用精神分析来解释群体的权威情结，他认为对神经症患者来说，幻想即现实，他们生活在精神现实中，现实检查被愿望冲动压倒。这相当于说，群体其实是神经症患者们的大聚会。这种观点延续到后来，变成了弗洛伊德的文明观，也就是文明的本质是疯癫，法国哲学家福柯进一步承接这种思路，写出《疯癫与文明》等一系列权力哲学的著作。

Ⅲ　关于集体心灵生活的其他评述

弗洛伊德继续总结了群体的诸多特点，可以归结为：（1）情胜于智；（2）道德可以高于个人；（3）群体的热情，为巨大的群体成就创造条件；（4）群体智力低下。

他注意到应该区分不同群体，并且引入了两种划分标准，把群体分为临时群体和长期群体（勒庞的分法），或者划分为无组织群体和有组织群体（麦独孤的分法）。

在这一节的最后一段，弗洛伊德再次展现了他的智慧。他整合了个人主义和集体主义的分裂和二元对立，提出个体通过提供自己的个性促进群体发展。这一点和马克思的观点有着相似性，马克思设想的共产主义社会，也是让人的个性得到最大解放的社会。

当然弗洛伊德也不会忘记生物学，他还引用了生物学论据——多细胞生物需要保证各种细胞的"个性"。的确如此，如果一个人的众多细胞

"千人一面"、整齐划一、毫无差别，那我们就要怀疑这个人已经处于癌症晚期了。

Ⅳ　意志移植与力比多

弗洛伊德亮出了他的法宝：力比多理论。他认为群体现象可以用力比多的投射来解释。他也为自己被贬低为泛性论者辩护。

力比多其实就是爱的能量的意思，这个词本来是弗洛伊德准备日后作为生之本能的量化单位。

弗洛伊德认为爱的能量的核心，就是两性结合，否认这一点是虚伪的。根据本书导读，大家可以看到，"爱的能量"有八次变形，性本能是从青春期持续到中年期的重要的爱的能量形式。如弗洛伊德所号召的，的确不应该否认这种本能的存在，尤其在心理咨询过程中，绝大部分个案，都有性爱方面的困扰。

Ⅴ　两种人为塑成的群体：教会和军队

弗洛伊德在这里误闯入了军事心理学、政治心理学和宗教心理学的领域。他对这几个领域一直都有兴趣，写出《一个幻觉的未来》《文明及其缺憾》等著作。

Ⅵ　下一步的任务和工作方向

究竟是什么样的爱的联系形成了群体?

弗洛伊德提出"自恋"和"客体之爱"两种爱的形式。在客体之爱中，对异性的性欲之爱，形成了爱情连接；对同性的不含性欲之爱，形成了工作中的友爱关系。

在亲情和爱情中，我们观察到爱恨交织的现象，但是关系要维持下去，需要爱的连接超过恨的连接，对他人的爱超过对自己的爱。群体要存续下去，就必须像亲情和爱情一样，让爱的力量超过恨的力量，对客体的爱超过自恋。但是群体中的爱，除了性欲投注的爱，还有另外一个客体之爱，这种爱的连接，就叫作“认同”。这篇文章最重要的主题，也是精神分析最重要的理论成就，闪亮登场。

Ⅶ 认同

弗洛伊德提出，认同是精神分析已知的与另一人情感联系的最早表现形式，其实就是最早的母婴关系的纽带，今天的精神分析称之为“依恋关系”或“依附关系”。

弗洛伊德说：“我们仅仅能看出，认同机制就是努力模仿被视作模范的人来塑造一个人自己的自我。”这可以算“认同”的概念。

认同其实有很多形式，自恋性认同、内摄性认同、投射性认同、黏附性认同、超我认同、自我身份认同等。弗洛伊德在这里只是区分了少数认同形式，他认为群体就是通过认同形成的。

他还插入了一段有关“共情”的论述，他认为“共情”和认同有关，而且“共情”对理解他人来说是最重要的。“共情”其实就是“人同此心，心同此理”，也有人将其翻译为“同理”，它被认为是心理治疗师的基础心态。

在本节的最后一部分，弗洛伊德试图用认同理论来解释忧郁症的成因。他提到在分裂的作用下，自我的一部分发展为“自我理想”，自我理想会攻击和贬低自我，但是这些攻击和贬低本来应该是针对客体的，现在攻击转向自身，从而形成了忧郁情绪。这个理论在今天仍然具有部分合理性，当然，攻击转向自身只是忧郁症病因的一部分，还有很多其他病因，如生物遗传、营养失调、社会文化等。

Ⅷ 爱恋和催眠

弗洛伊德认为，催眠构成了两人关系，爱情是社会群体的基础，所以两者都是自体—客体关系的基本单位。

弗洛伊德想对爱情分门别类，区分各种爱情形式，他区分出肉欲之爱、自恋之爱、三角之爱、浪漫爱情等各种形式。他还专门写过《性学三论》和《爱情心理学》等著作，开拓了精神分析爱情心理学分支。

他阐述了爱情和催眠的类似之处，尤其重点描述了对一种特殊的爱的研究，我们称之为“迷恋”。这种爱情形式非常类似于浪漫之爱，但是它保持着对爱人的高度理想化，最终导致自我被牺牲。弗洛伊德再次使用投射和内摄性认同来理解这种爱情。

一般读者看了弗洛伊德对爱情的描述，既受到触动，又觉得意犹未尽。这方面的扩展阅读，沿着精神分析的脉络，可以关注弗洛姆的《爱的艺术》，还有奥托·克恩伯格的《爱情关系》一书。

X 群体和原始部落

弗洛伊德提出达尔文的假设：人类的群体，最初应该是一个由强壮的男性领导的原始部落。

在这个男人的领导下，群体出现的情况是：其他男人，也就是这个部落首领的儿子们，因为被禁欲了，所以被压抑的欲望投注到父亲和兄弟之间，形成了强烈的感情连接；与此同时，儿子们知道自己会被父亲迫害，所以又害怕父亲。

弗洛伊德描绘的这种人类群体，听起来更加类似于家族企业。父子之间的仁义，根据弗洛伊德的这套理论，也只是用来防御竞争、嫉妒和自恋的。

弗洛伊德把人们这种天生容易被暗示、被催眠的特性，推广到了文明史中。比如他提到，催眠要么是重现了母亲温柔的催眠，要么是重现了父亲权威的催眠。

根据他的理论，我们不难推论，人类在原始部落时期，就已经开始被部落首领PUA了。这种悲观的文明史观，在他后期的著作中越来越明显。所以霍妮等人无法接受，完全走向了他的对立面。

天真的乐观主义和悲观的现实主义，对我们的心理健康都是有益的，关键是要平衡它们的比重。

XI 自我的一个层次

弗洛伊德在开头阐述了群体心理学的原理：自我放弃了自我理想，而认同了领导者带来的群体理想，从而形成团体。

他又开始阐述自我和自我理想的关系，也就是自我首先要走出自恋，通过感官系统接收来自客体的信息，然后通过吸收客体，发展出超我。这就解释了冰山模型中，冰山是如何把海水变成冰山的。

为了更好地消化这些信息，自我需要在睡眠中退回没有外在客体信息输入的状态。在这个过程中，有意识的连贯的自我和其他无意识的部分构成了一种分裂。无意识的被压抑的部分要不断进入意识层面，从而获得愉悦感。

弗洛伊德特意提出笑话和诙谐，就是无意识突破意识的表现。他之前专门写了一本书，叫作《诙谐及其与无意识的关系》。同时他提出，节日也是让自我摆脱禁忌和束缚的防御机制，通过狂欢，自我回到和自我理想没有太多联系的状态。

最后，他提出双相情绪障碍（躁狂–忧郁症）的动力学假设。他的假设是：躁狂症是自我理想和自我的结合，而忧郁症则来自自我理想对自我的贬低和谴责。

XII 补充

这一节展示了弗洛伊德作为“大师”的思想深度和锐度，主要有五个方面的观点。

观点1：军队中的士兵不应该认同军官，而应该认同战友。

观点2：集体人怎么发展成个体人？或者说人类怎么由集体主义者变为个体主义者？大概在父权制形成初期，出现了个人主义者，他们首先是叙事诗人。

观点3：受阻的性本能变形成了对客体的依恋，而且可以和直接的性满足相互转化。此外，被抑制的性冲动可以直接从不被抑制的性冲动中产生，比如学龄期（潜伏期）的性冲动。

观点4：不受压抑的性欲不利于群体形成。这就是人类由群婚制发展到单偶制的原因，而多偶制会让人不断地更改配偶。

单偶制中的伴侣，通过独处来对抗合群本能。两人卿卿我我的羞耻感，还有想要独占对方的嫉妒感，都有助于他们对抗群体联结。

浪漫爱情进入人类社会，相对来说是比较后期的事情，随着它的进入，浪漫的性爱关系和集体主义的关系也变得对立起来，这就是弗洛伊德等人当年的推论。

他还论述了非常重要的神经症者的病因学说：

神经症和爱情一样，都是个人主义的，都起源于被群体压抑的爱本能，尤其是要表达为浪漫爱情的性爱本能。这种浪漫爱情的性爱本能，是对抗和破坏集体形式的。

神经症者如果回归到强大有力的集体形式中，如宗教团体、军队，他的症状就可以消失，这也是很多宗教中都存在众多心理治疗技术的原因。

而当神经症者离群索居时，他使用症状代替了集体，他就必须创造属于自己的宗教世界，重复人类制度。

从这段假设我们知道，神经症或者说大部分心理障碍，它的治疗途径可以分为集体主义和个人主义两条途径。个人主义的途径在于，此人要创造出属于自己的宗教体系，并且要发展出长久的浪漫爱情关系。这个途径就是荣格等人选择的少有人走的路。集体主义的途径在于，融入一个建制完整的集体组织，比如宗教团体、军队、政党、家族企业等。最早尝试这个途径的心理治疗流派是阿德勒学派，后来又出现了家族治疗、团体治疗等。

观点5：弗洛伊德用金句体总结了这篇论文的要点。

要点1：爱恋的基础是直接性冲动和被压抑的性冲动，而客体把自恋之爱转换成了客体之爱，爱恋中只能有自体和客体。

要点2：催眠基于被压抑的性冲动，也有两个人的人数限制，被催眠者把自我理想投射到催眠师身上。

要点3：群体是大规模的催眠过程。

要点4：催眠和群体都是人类进化的产物。

要点5：被压抑的性爱本能替代了追求直接满足的性爱本能，这造成了人格中自我和自我理想的分裂。

要点6：这种自我和自我理想的分裂是爱恋，也就是坠入爱河的基础。

要点7：神经症包含了自体与客体的所有关系，也包含了自我和自我理想的冲突。

延伸阅读

[1] 亚当·菲利普斯：《成为弗洛伊德》，杨鲁静译，中国友谊出版社，2018年。

[2] 大卫·萨夫：《投射性认同与内摄性认同》，闻锦玉、徐建琴、李孟潮译，中国轻工业出版社，2011年。

[3] 约翰·戈特曼、娜恩·西尔弗：《幸福的婚姻：男人与女人的长期相处之道》，刘小敏译，浙江人民出版社，2014年。

[4] 让-米歇尔·奎诺多：《读懂弗洛伊德》，陆泉枝译，上海译文出版社，2016年。

群体心理学与自我分析

I 导论

个体心理学、社会心理学和群体心理学之间的区别，乍一看似乎非常明显，但仔细一想，就会发现其实很含混。诚然，个体心理学以个体为导向，关注的是个体满足本能冲动的方式，但是，除了某些罕见的情形，个体心理学并不能无视个体之间的关系。在个体的心灵生活中，他人经常被视为榜样、客体、帮助者或对手，因此从广义上来说（但也相当合理），个体心理学从一开始就同时是社会心理学。

个体与父母、兄弟姐妹、爱的客体、老师和医生的关系，也就是迄今为止一直被精神分析研究当作焦点的那些关系，也都可以被视为社会现象，并与某些所谓自恋的（narzißtisch）过程相反。在自恋过程中，本能驱力的满足会逃避他人影响，或者抛弃他人。可见社会的与自恋的——布鲁勒（Bleuler）大概会用“自闭的”

（autistischen）这个词——心灵活动都属于个体心理学的范畴，而且，个体心理学与社会心理学或群体心理学也不应当被一分为二。

在与父母、兄弟姐妹、亲人、朋友、老师和医生的关系中，个体往往只受到一个或几个人的影响，对个体而言，这一个或几个人格外重要。当谈到社会心理学或群体心理学时，我们习惯忽视这些关系，而喜欢把与个体有着这样或那样的关系的很多人纳入考量，尽管这些人在很多方面都可算作陌生人。群体心理学要么将个体视为部落、民族、社会团体、阶级、机构的一员，要么将其视为在特定时间、出于特定目的组织起来的群体的一分子。倘若打破个体间的自然联系，那么很明显，这些在特殊条件下表现出来的现象可以被视为一种无法进一步追溯的特殊本能驱力——社会本能驱力（soziale Triebs），用英语说则是群集本能（herd instinct）或群体心理（group mind）——的表达。若在其他条件下，它们则不会表现出来。不过，我们也可以提出反对意见，即我们很难给数量因素赋予如此重要的意义，认为仅凭它就够唤醒人类心灵生活的一种全新的、在其他条件下不会表达的本能驱力。因此，我们对另外两种可能性寄予厚望：社会本能驱力并不是原始的和不可分割的，其形成的起点可能是在一个更小的圈子中，例如在家庭中。

群体心理学虽然仍处于起步阶段，但它包含了无数的个体问题，为调查者带来了诸多难以拆解的任务。仅仅是对各式群体形成（Massenbildung）的分组及对它们所表现出的心理现象的描述，就需要大量的观察和阐述，目前也已经有了丰富的文献。相较于群体心理学的研究范围，本书无疑只讨论了全部材料中的几个要点。实际上，深度的精神分析研究只对少数几个问题特别感兴趣。

Ⅱ　勒庞对群体心灵的描述

一种更恰当的开篇方式，是从出版领域开始，从中选出特别引人注目且典型的事实，以便将调查续接上去。这似乎比从定义开篇更佳。但是我们可以通过摘录勒庞的名作《乌合之众》[1]，同时以上述两种方式开篇。

让我们再次强调一个事实：如果心理学——从个体的性情、本能冲动、动机和意图，到其行为和其与邻居的关系——圆满完成了它的任务并揭示了所有联系，那么一项亟待解决的新任务就会突然出现。这项任务便是解释一个令人惊讶的事实：已经被心理学所完全理解的个体，其在某种条件下的所感、所想和所做都变得截然不同；这种条件便是个体被归入某一人群，该人群具备“心理群体”的特性。“群体”是什么？它是如何获得对个体心灵生活的决定性影响的？它又给个体造成了怎样的心灵变化？

回答这三个问题，是理论群体心理学的任务。显然，想要攻破这些问题，应该从第三个问题开始。观察个体的不同反应，为群体心理学提供了材料；在进行解释之前，必须先描述要解释的内容。

下面我会引用勒庞的话。勒庞说：“关于心理群体的最奇怪的事情是，无论组成该心理群体的人是什么类型，无论这些人的生活方式、职业、性格或智力有多么相似或多么不同，仅仅因为他们变成了群体，他们就拥有了集体的心灵，他们不再以各自的不同方式去感受、思考和行动，而是用集体的心灵去感受、思考和行动。一些想法和感受只有当个体从属于群体时才会被转换为行动。心理群体是一种临时存在，由暂时相互结合的异质元素组成，他们就像有机体的细胞一样，通过结合而成为一种新的存在，其特征与单个细胞的特性完全不同。”（第13页[1]）

我在此处冒昧打断勒庞的话，是为了强调一点：如果群体中的个体团结了起来，那么一定有某种东西将他们联系在了一起，而起到黏合剂作用的，可能正是群体的特征。勒庞本人没有回答这个问题，但他深入研究了个体进入群体后的变化并进行了描述，其使用的术语与我们深度心理学的前提非常吻合。

“确定属于群体的个体与孤立个体之间的差异程度很容易，找出这种差异的原因却不容易。

“为了找出哪怕只是些许原因，我们必须先强调现代心理学的一个观察，即无意识现象不仅在有机生命中起主导作用，在智力功能中也占主导地位。与无意识的脑力生活相比，有意识的心灵生活只是很小的一部分。最精细的分析和最敏锐的观察也只能得到心灵生活中少数有意识的2动机。我们有意识的行为来源于（尤其是由遗传影响所带来的）无意识的基础，其中包含了前人留下的无数痕迹——正是这些痕迹构成了一个种族的精神。

“在我们承认的行为动机背后，无疑存在着我们不愿承认的秘

[1] 本篇中括注页码均为弗洛伊德所引内容的原页码。——编者注

密原因，而在这些原因的背后，甚至还存在着我们尚未知晓的更加隐秘的原因。我们的大部分日常行为只是我们尚未知晓的隐秘动机的结果。”（第14页）

勒庞认为，在人群中，个体单独获得的东西变得模糊，个体的个性随之消失。种族的无意识出现，异质被同质淹没。我们可以说，精神上层建筑原本在个体中发展得截然不同，现在受到了磨损和削弱，而在所有人身上都相同的无意识基础被暴露出来（开始起效）。

以这种方式，群体中的个体便展现出了平庸而一致的性格。勒庞还发现，群体中的个体表现出了他们以前没有的新特性，并给出了三个原因。

“第一个原因是，身处群体之中这一事实给个体带来了一种不可战胜的力量感，使他能够沉迷于那些他一个人的时候需要抑制的冲动。身处群体之中的个体没有理由继续压抑这些冲动，因为群体是匿名的，也是不负责任的，所以此前一直控制着个体的责任感，现在完全消失了。”（第15页）

从我们的立场出发，我们应当降低对新出现的特性的重视。我们只要明白这一点就够了：群体中的个体所具备的条件让他可以不再压抑无意识的本能冲动。群体所展现的明显的新特性，正是这种无意识的表现，在这种无意识里，人类心灵的全部邪恶都包含在其性情中；不难理解，这种情况下良心或责任感会消退。我们一直认为，所谓良心的核心是“社会焦虑”（soziale Angst）[3]。

“第二个原因是传染（Ansteckung），它能够促使群体表现出特殊的特征，并决定这些特征的方向。传染是一种容易确定但难以解释的现象，它只能被纳入具有催眠性质的现象的范畴，我们后面会对该现象进行研究。在人群中，每一种感觉、每一个行动都具有传染性，这使得个体很容易为了共同利益而牺牲个人利益。这是一种与个体的本性完全相反的能力，人只有在作为群体的组成部分时才具备这种能力。”（第16页）

稍后，我们将基于上面的最后一句提出一种重要的假定。

“第三个原因，也是最重要的原因，即在能够团结成一个群体的个体中，存在着与孤立个体完全相反的特性。我在这里谈论的是意志移植感受性（Suggestibilität），顺便一提，上面提到的传染也只是意志移植感受性的一种表现。

“为了理解这种现象，有必要回顾一些生理学的最新发现。我们已经知道，可以通过各种方式使一个人进入一种状态，即在失去所有有意识的人格之后，服从那个剥夺其有意识人格的人的所有意志移植，并且做出与其性格和习惯截然相反的行为。已有细致观察表明，在一段时间内被活跃的群体所环绕的个体，很快就会——可能是接受了群体所发出的信息，或其他一些未知的原因——发现自己处于一种非常接近于迷恋的特殊状态，就像被催眠的人受催眠师的影响而被控制……其有意识人格完全消失，缺乏意志和辨别力，所有的感受和思想都朝向催眠师决定的方向。

“属于心理群体的个体的状况大致如此。个体不再能意识到自己的行为。和被催眠的人一样，个体丧失了一些能力，而另一些能力则被提升到最高强度。在某一意志移植的影响下，他会带着一种不可抗拒的本能驱力行动。在群体中的个体身上，这种本能驱力的强烈程度比在被催眠者身上更强，因为所有个体所接受的意志移植会互相感染。”（第16页）

“群体中的个体的主要特征是：有意识的人格消退，无意识的人格增强，通过意志移植和传染将思想和情感导向同一方向，倾向于立即实现被移植的想法。个体不再是他自己，而是变成了一个没有意志的机器。”（第17页）

我完整地引用这段话，是为了确认勒庞的确指出了属于群体的个体处于催眠状态，而不仅仅是将其类比于后者。我在此并不打算反驳这一点，而只是想强调，导致个体在群体中发生变化的最后两个原因——传染和更高级的意志移植感受性——并非属于同一层级，因为传染性也应该是一种意志移植感受性。在勒庞的文本中，二者似乎没有被明确区分。或许我们可以这样解释勒庞的意思：传染相当于群体中的成员对彼此的影响，而群体中的意志移植感受性现象则等同于催眠影响现象，它指向另一种来源。但是，另一种来源是什么呢？对我们而言，还有一个微妙的不完备之处，即该由谁对群体施以催眠，这一点勒庞没有提及。尽管如此，勒庞区分了这种不明却迷人的影响和个体对彼此施加的、使最初的意志移植得到加强的传染性影响。

有关群体中的个体的另一个重要观点是：“因此，仅仅由于属于一个有组织的群体，人就在文明的阶梯上退后了好几级。在独自一人时，他也许是一个受过教育的人，但是在群体之中，他是一个野蛮人，一个被本能驱力所控制的存在。他开始具备原始人的自发性、凶猛、野性，以及原始人的热情和英雄气概。”接着，勒庞特别强调了个体因为加入群体而经历的智力成就的退化。[4]

现在，我们结束对个体的讨论，转向勒庞所描绘的群体心灵。其中没有任何一种群体心理特质，是精神分析学家难以推断并确定的。勒庞本人就为我们示范了一种方法，他指出了原始人的心灵生活与儿童的心灵生活的一致性。（第19页）

群体容易冲动、反复无常且趋于兴奋。它几乎完全受无意识的引导。[5]根据不同情况，群体的冲动可以是高贵的或英勇的，也可以是残酷的或懦弱的，但无论如何，那些冲动是如此迫切，以至于个体连自我保护的权利都没有。（第20页）群体也没有任何预谋。即使它当下对事物充满热情，但从不能长久，它没有能力维持长久的意志。它不能容忍它的愿望和愿望的实现之间有任何延迟。它感到无所不能，对于群体中的个体而言，“不可能”这一概念消失了。[6]

群体非常容易被影响，也极易轻信，它不具有批判性，也不理解“不可能”的概念。它使用意象来思考，从一个意象联想到另一个意象，就像个体在自由想象中所做的那样，这些意象与现实没有可以理解的对应关系。群体的感受总是十分简单且热烈。因此，群体既不会怀疑，也不会感到不确定。[7]

它会迅速走向极端，把质疑转变成无可辩驳的肯定，把反感的萌芽转变成疯狂的仇恨[8]。（第32页）

即使群体对一切极端都有所倾向，它仍然只会被极其强烈的刺激唤醒。如果你想对群体施加影响，不需要在逻辑上论证你的论点，而是必须画出最有力的画面，然后一遍又一遍地夸大和重复。

群体从不怀疑其认定的真假对错，也知道自身的强大，因此它就如同专制一样不能容忍异见。它尊崇力量，也稍微受到善良的影响，但后者对它来说是一种软弱。它要求英雄拥有力量，甚至是暴力。它希望被统治、被压迫，并惧怕它的主人。它本性保守，对所有的创新和进步怀有深深的厌恶，对传统则有着无限的敬畏。（第37页）

为了正确评价群体的道德水准，就必须考虑当个体聚集成为群体时，每一个个体都不再受到束缚，所有从原始时期残留下来隐藏在个体身上的残忍、野蛮和破坏的本能都被唤醒，自由地去满足本能驱力。不过，即使在意志移植的影响下，群体也可以做到克己、无私，并忠于理想。在单独的个体身上，个人利益几乎是唯一的驱动力，但是在群体中，它很少占主导地位。可以说，群体使得个体被道德同化了。（第39页）虽然群体的智力成就总是远低于个体，但群体的道德行为可以超越个体的水平，也可以远低于个体的水平。

勒庞总结出的其他一些特征清楚地阐明了将群体心灵与原始人的心灵等同起来的理由。在群体中，截然相反的思想也可以共存，不会因它们的逻辑矛盾而产生冲突。而精神分析早已证明，个体、儿童和神经症患者的无意识心灵生活也是如此。[9]

此外，群体受制于语言的神奇力量，后者既可以在群体心灵中制造最可怕的风暴，也可以平复它。（第74页）“理性和论据无法对抗一些词语和公式。当一个人面对群体恭敬地说出这些词语时，人们顿时神色恭敬，俯首帖耳。很多人把这些词语视为自然的或超自然的力量。”（第75页）只需要回想一下原始人的姓名禁忌，他们认为名字或名称上附有神奇的力量。最后一点是，群体不具备对真理的渴望。群体需要及不可或缺的是幻想。对群体而言，幻想总是优先于真实，幻想对群体的影响几乎和真实一样强烈。群体明显倾向于不区分幻想和真实。（第47页）

我们已经说过，由未实现的愿望所造成的幻想以及幻想占据优势地位是神经症心理的决定性因素。我们发现，对神经症患者而言，重要的不是普通的客观现实，而是精神现实。癔症症状基于幻想，而非真实经验的重复，强迫性神经症的负罪感则基于从未实施的不良意图。没错，就像在梦和催眠中一样，在群体的心理活动中，现实检查被充满情感的愿望冲动压倒。

勒庞对群体的领导者的叙述不够详细，也没有那么清晰的逻辑链条。他认为，一旦生物以一定数量集合起来，无论是动物还是人，都会本能地服从于一位领导者的权威。（第86页）群体是听话的羊群，没有主人就无法生存。它渴望服从，甚至会本能地服从任何自称是它的主人的人。要想让群体的需要得到满足，领导者必须具备与之相应的个人特性。他自己必须沉迷于（关于某种想法的）强烈信念，才能唤起群体的信仰；他必须拥有一种强大且使人敬佩的意志，才能将其灌输给没有意志的群体。勒庞随后讨论了不同类型的领导者以及他们影响群体的手段。总的来说，他认为领导者之所以受到狂热的追随，是因为他们自己也是狂热的。

他还赋予这些领导者一种神秘的、令人无法抗拒的力量，并称之为“威望”（Prestige）。威望是一种支配，经由一个人、一件作品或一种观念对人们进行统治。它麻痹了人们所有的批判能力，又给人们注入了惊奇和敬重。它应该唤起了一种类似于催眠的迷恋的感觉。（第96页）

勒庞区分了获得性威望（后天威望）和个人威望。前者包括人因为家世、财富和声誉而获得的威望，以及观念和艺术作品等因为传统而获得的威望。不论哪种情况，获得性威望都借助了历史，因此无助于理解这种神秘的作用。只有少数人具有个人威望，并凭借个人威望而成为领导者。个人威望仿佛有某种磁力作用一般，使一切都臣服于领导者。但是，所有威望都建立在成功的基础上，并因失败而丧失。（第103页）

勒庞的著作给我们留下了稍显不足的印象，因为他没有把领导者的角色和对声望的强调与对群体心灵的精彩描绘恰当地联系在一起。

Ⅲ 关于集体心灵生活的其他评述

我之所以从勒庞的著作着笔，是因为它与精神分析十分吻合，强调了无意识的心灵生活。不过现在，我必须补充一句，他的论断实际上并没有任何新的内容。勒庞贬低群体心灵或对其不利的全部言论，早就有其他人同样笃定且同样充满敌意地说过，并且这种论断从很早以前，就被思想家、政治家和诗人用相同的语气反复叙述。[10]勒庞最重要的观点可以归纳成两点，即群体会抑制智力成就和群体会提升情动（Affektiviät）。但这两点西格勒（Sighele）不久前刚刚叙述过。[11]勒庞的独特观点基本上只有两点，即无意识以及将集体心理与原始人的心灵生活相比较，但这两点也都被反复提及过了。

除此之外，勒庞等人对群体心灵的描述和承认也并非不曾被质疑。毫无疑问，上述所有群体心灵现象都得到了正确的观察，但是也有一些群体形成具有几乎相反的形式，因此我们不得不对群体心灵做出更高的评价。

就连勒庞也几乎承认，群体的道德有时可能会高于组成群体的个体的道德，只有集体才能具有高度的无私和奉献精神。

“在单独的个体身上，个人利益几乎是唯一驱动力，但是在群体中，它很少占主导地位。”（第38页）

有人指出，个体出于某些原因通常达不到这么高的标准，是社会将道德规范强加给了个体。或者，在特殊情况下，一个群体中所出现的热情现象，给巨大的群体成就创造了条件。

至于智力方面的成就，不论是智力工作中的重要决策、重大发现，还是问题的解决方案，都只可能由独自工作的个体完成。不过，群体心灵也能进行巧妙的脑力创作，语言本身就是一个证据，此外还有民歌、民间传说等。至于某一位思想家或诗人从他所处的群体中获得了多少灵感，以及他是否仅仅是所有人同时参与的心灵工作的完善者，这些问题仍有待回答。

由于这些矛盾的存在，群体心理学研究工作似乎只能是徒劳。只是我们很容易就找到了一条颇有希望的出路。“群体”这个词或许一直被用来描述截然不同的结构，我们需要将它们分开讨论。西格勒、勒庞等人的陈述对象是短暂聚集的群体，是由各种各样的人凭借稍纵即逝的兴趣暂时聚在一起。毫无疑问，他们的陈述受到了革命（特别是法国大革命）群体特点的影响。与之相反的则是那些稳定的群体或社会组织，人们在其中生老病死，并且反映在社会的机制中。前一种群体形式叠加在后一种群体形式上，就像短而尖的水波叠加在绵延的海浪上。

威廉·麦独孤（William McDougall）在《群体心理学》[12]一书中就是以上述矛盾为切入点，从群体构建的时刻入手，找到了答案。他说，在最简单的情况下，群体（群组）根本没有或者几乎没有组织性。他把这样的群体称为一伙人（人群）。不过他承认，一伙人往往会至少拥有成为一个组织的萌芽，否则不会轻易聚在一起，而且正是在这些简单的群体中，特别容易辨别出集体心理学的许多基本事实。（第22页）为了使因机缘巧合而被聚在一起的一伙人形成心理意义上的群体，其必要条件是这些人之间存在共同点，他们要么对一种事物有共同的兴趣，要么在某种情况下有类似的感受，并且（我要补充一下：因此）产生了一定程度的相互影响（群体成员之间存在某种程度的相互影响）。（第23页）这些共性（这种心理同质性）越强，个体就越容易构成心理群体，其“群体心灵”也表现得越明显。

群体形成的最奇怪但同时也最重要的现象是每个人的情动会增加（情绪高涨或强化）。麦独孤认为，在任何其他条件下，人们的情感很少能达到群体所能达到的高度；而对于那些参与其中的人来说，能够不加节制地沉迷于激情之中使他们感到愉快，因此，他们与群体融合在一起，失去了自己与他人的界限。（第24页）麦独孤解释说，个体被所谓的“通过原始交感神经反应的直接情绪感应原则”（第25页）裹挟，也就是我们之前提到过的传染。事实上，当人们感知到情感状态的信号时，个体就很容易被唤起相同的感情。这种自动的强迫现象会随着表现出相同感情的人数增加而增强。于是，个体的批判性被消除，同时陷入了同样的感情。与此同时，其他人的兴奋也被加强，由此每一个个体的感情负载都通过相互感应而增加。与其他人保持一致，与大多数人和谐相处，无疑是一种强迫。越是粗糙和简单的情绪越有可能以这种方式在群体中传播。（第39页）

这种感情加强机制也受到了群体中一些其他因素的影响。群体给人一种能量无限、极度危险的印象。它暂时代替了人类社会，是权威的化身，人们害怕受到它的惩罚，并因为它而对自身设定了许多限制。与群体产生矛盾显然是危险的，而遵循周围的人所展示的榜样就是安全的，哪怕要“与狼为伍”[1]。当人们向新的权威臣服时，人们可能会放弃自己的“良心”，因为其无法抵御消除自身束缚所带来的乐趣的诱惑。总的来说，当我们看到群体中的某个人在做或赞成他通常会拒绝的事情时，并不需要感到奇怪；我们甚至可以从中抓住一丝线索，揭开一小块盖在“意志移植”谜团上的黑布。

[1] “与狼为伍”（mit den Wölfen heult）是指顺应多数人，随波逐流。——译者注

麦独孤的表述与群体对智力的集体抑制并不矛盾。他说，智力较低的人能够把智力较高的人拉低到与其相同的水平。后者的活动之所以会受到抑制，首先是因为情动增强为正确的脑力工作创造了不利条件；其次，由于个体被群体震慑，其脑力工作是不自由的；最后，每个人对取得成就的责任感都降低了。（第41页）

麦独孤对一个简单而“无组织”的群体的精神成果的总体判断并不比勒庞更友好。这样的群体“非常容易激动、冲动、热情、反复无常、前后不一、优柔寡断，却准备好将其行动推向极端，它只服从于粗暴的激情和简单的感受，非常容易受到意志移植影响；其推理粗糙、判断专断，只接受最简单且最不完善的结论和论点，容易被指引和动摇；它缺乏自我意识、自尊和责任感，却随时准备跟着权力意识走，做出我们从一种绝对且不负责任的权力中可以预期的所有错误行为。所以，群体的行为仿佛一个顽童，或者是一个身处陌生环境之中的冲动但无人监护的野蛮人。在最糟糕的情况下，群体的行为处事更像是一群野生动物，而非人类”（第45页）。

麦独孤把上述群体的行为与高度组织化的群体的行为进行了对比，其中我们特别关心的是组织的构成及其产生的原因。麦独孤认为，提高群体的心灵生活水平有五个“主要条件”。

第一，群体的存在具有一定的持续性。这种持续性既可以是实体的，也可以是形式的。实体是指同一个人长期留在群体中，形式是指群体中已经形成了特定位置，这些位置可以由不同的人轮流占有。

第二，在群体中的个体已经对群体的性质、功能、成就和需求形成了某种认识，并因此产生了与整个群体的情感关系。

第三，群体会与其他群体建立关系，这些群体形成之间往往存在相似之处，却也有许多差别，它们相互之间还存在竞争。

第四，群体有传统、习俗和制度，尤其是在成员之间的关系方面。

第五，群体有其结构，表现为不同个体所承担的工作的专业化和差异化。

麦独孤认为，如果满足上述五个条件，就可以消除群体形成存在的精神缺陷。个体为了保护自己不受智力表现的集体退化的影响，从而从群体的智力任务中抽离，把智力工作保留给个体。

在我们看来，麦独孤所说的群体“组织”的情况也可以换一种方式来描述，这样会更合理一些。个体的任务是为群体提供个体所特有的个性，而在个体身上，这些特性由于群体的形成而消失了。个体曾经——在进入原始群体之前——具备连续性、自我意识、传统和习惯、特定的工作职责和定位，与他的竞争对象之间也是有差异的。通过进入没有“组织”的群体，个体便暂时失去了他的特性。如果我们承认群体的目标是拥有个体的特性，就会想起W. 特罗特（W. Trotter）的重要评论[13]，他认为群体形成的趋势是高等生物的多细胞性的生物学延续。[14]

Ⅳ　意志移植与力比多

让我们从这个基本事实出发：属于某一群体的个体，在该群体的影响下，其心灵活动通常会彻底改变。其情动大为增强，智力表现大为减弱，这两种过程显然是朝着与群体中的其他个体相适应的方向发展的；这两种过程只能通过消除个体特有的本能冲动抑制（Triebhemmungen），放弃个体特有的倾向形态来实现。虽然有人说，这两种不甚理想的影响至少可以通过提高群体的“组织”（Organisation）来部分防止，但群体心理的基本事实，即原始群体中的个体的情感增强和思维抑制，却不会因此被扭转。现在，我们要找出个体在群体中心灵发生变化的心理学解释。理性因素（诸如前面提到的对个体的恐吓，或者说源于自我保护本能驱力的行动）显然无法涵盖我们要观察的现象。社会学与群体心理学学者给出的解释始终是相同的，哪怕名称在不断变化，那就是“意志移植”这个神奇的词。加布里埃尔·塔尔德（Gabriel Tarde）称之为模仿（Nachahmung）。不过另一位学者的观点更有说服力，他认为模仿的概念从属于意志移植的概念，模仿是意志移植的结果。[15]勒庞则认为，社会现象的一切变体都可以归结于两个因素：一是个体间的意志移植，二是领导者的威望。而威望只能通过触发意志移植来展现。麦独孤曾一度让我们有这样的印象：有了他的“初级感情感应”原则，就不必要做意志移植的假设了。但若进一步思考，我们必须认识到，该原则只不过是对“模仿”或“传染”的复述，只是特别强调了感情这个方面。毋庸置疑，我们有这样一种倾向，即当我们察觉到他人的情感迹象时，就会陷入同样的情感；然而，我们总是能够抵抗这种倾向，不让自己陷入同样的情感，并以完全相反的方式做出反应，不是吗？为什么处于群体之中的我们总是会屈服于这种传染病？我们不得不承认，群体的意志移植影响迫使我们服从这种模仿倾向，并让其在我们身上诱发了感情。顺便一提，麦独孤认为人们无法避免意志移植。他和许多学者一样，都认为群体的特点是明显的意志移植感受性。

因此，我们可以这样说："意志移植（更准确地说是意志移植感受性）是一种不可进一步简化的原始现象，是人类的心灵生活的基本事实。"这也是伯恩海姆（Bernheim）的观点——早在1889年，我就曾目睹他的惊人艺术。不过，我也记得当时的我就对无法抵挡的意志移植抱有一种固执的敌对态度。倘若某位病人不肯依从，就会被斥责："您这是干什么？您在抵抗意志移植！"[1]我告诉自己，这是明显的不公和暴力。如果有人想要用意志移植来操控他，他当然有权反抗意志移植（Gegensuggestionen）。我的抗拒后来有了新的反叛形式：意志移植可以解释一切，对其本身的解释却被剥夺了。为了说明这一点，我要再次借用一个古老的谜语[16]：

克里斯托弗驮着基督，
基督承载着整个世界，
你说，克里斯托弗
把他的脚放在哪里？

30年过去了，当我再次靠近意志移植的谜团时，发现一切都

[1] 原文（*Vous vous contre-suggestionnez!*）为法语。——译者注

没有改变。我的这一断言只在一件事上例外，其恰好证实了精神分析的影响。我发现，人们付出了特别的努力来正确地构建意志移植的概念，即努力地使用这个词原本的含义，[17]这并不是多此一举，因为随着它被越来越广泛地使用，其含义正变得越来越宽泛，很快就会变得可以用于表示任何影响，就像英语里的“suggest”和“suggestion”，它们的含义其实相当于德语里的“Nahelegen”（劝告）和“Anregung”（建议）。然而，意志移植的性质，也就是在没有充分逻辑理由的情况下产生影响的条件，还没有被阐明。证实这一论断，需要分析过去30年的文献，我不会逃避这个任务，但目前我还不打算做这件事，因为我知道周围已经有人在筹备一项以此为任务的详细调查。[18]

我将尝试使用力比多的概念来阐述群体心理学。这一概念曾被用于精神神经症方面的研究中，并起了很好的作用。

力比多是一个出自情动理论（Affektivitätslehre）的术语。它被用来代指量化的、与所有可能被概括为爱的东西有关的本能驱力的能量——尽管目前还无法测量。当然，所谓的爱，其核心就是人们通常所说的及诗人所歌唱的以性结合为目标的性爱。不过，我们也没有排除爱这个字眼所涉及的其他内容，比如自爱，还有父母与孩子之间的爱、友谊和博爱，也包含对具体物体和抽象观念的奉献。这背后的理由是，精神分析的调查表明，这些倾向都是同一种本能驱力冲动，若它们发生在两性之间就会促进性结合，而在其他关系中，就不会以性为目标，或者会避开性，但仍然保留着足以识别其身份的原始本质（自我牺牲、追求亲密）。

也就是说，我们相信语言已经通过对“爱”这个词的各种应用有了一个完全合理的总结，我们的最佳选择就是将科学讨论和演示建立在这一基础之上。然而，这个决定为精神分析招来了一场愤怒的风暴，就好像这是某种亵渎的创新，有什么罪过似的。但是，这种“发散的”爱的概念并不是精神分析的原创。哲学家柏拉图的“爱神”概念的起源、作用及其与性爱的关系，与爱的力量（精神分析中的“力比多”）完全一致，正如纳赫曼松（Nachmansohn）和普菲斯特（Pfister）[19]的详细解释，当使徒保罗在著名的书信《哥林多前书》中赞美爱高于一切时，他当然是从同样的“广义”上理解这个词的。[20]从这件事上，我们只能看出人们并不总是认真对待伟大的思想家，即使嘴上说非常钦佩他们。

在精神分析中，这些爱的本能驱力被称作“占有”（a potiori），由于它们的起源，也被称作性本能。大部分“受过教育”的人觉得这样命名侮辱了他们，为了报复，他们给精神分析戴上了“泛性论”（Pansexualismus）的帽子。任何认为性欲一词不光彩、有辱人性的人，请自行选择更高贵的词语，比如情欲（Eros）和色情（Erotik）。我本可以从一开始就用更高贵的词语，那样可以避免很多矛盾，但我不愿意那样做，因为我决定不向心智薄弱的人让步。我不知道自己最终会在这条路上走多远，一个人会先在文字上让步，然后逐渐在实质上让步。我找不到以性欲为耻的任何好处。所谓可以减轻羞耻感的“情欲”一词，本来就是把德语的爱（Liebe）翻译成希腊语罢了。最后，一个能够等待的人，不必做出任何让步。

我们将尝试以此为前提：爱的关系（或中立地表达是“情感依恋”）构成群体心灵的本质。请记住，目前没有学者这样说过。但显然，与爱的关系相对应的内容隐藏在屏幕、屏风以及意志移植的背后。有两个粗浅的想法可以支撑我们的猜测。第一，群体显然是被某种力量凝聚在一起的。除了能将世上的一切凝聚在一起的爱神，还有什么力量可以达成这一点呢？第二，当群体中的个体放弃自己的个性，并允许自己接受其他人的意志移植时，就会给人一种印象：他这样做是因为自己以为需要与他们一致而不是相反，他也许是“为了取悦他们”。

V 两种人为塑成的群体：教会和军队

从群体的形态学出发，我们已经知道，人可以区分不同类型的群体，而且这些群体的形成截然不同。群体有非常短暂的，也有十分持久的；有同质的、由相似的个体组成的，也有非同质的；有自然形成的，也有人为塑成的，后者的凝聚力需要来自外部的约束；有原始的，也有阶级鲜明、组织完善的。此外，为了揭示某些见解，我还要特别强调一种其他学者很少提及的分类方式：有领导者的群体和没有领导者的群体。与通常做法不同的是，我们的研究没有从一个相对简单的群体形成出发，而是选择了高度组织化的、持久的、人为塑成的群体。这类群体中最有趣的例子当然是教会（信仰团体）和军队（陆军）。

教会和军队都是人为塑成的群体，也就是说，需要用一定的外部强制力使它们不致解体[21]，并防止其结构发生变化。通常情况下，人们不会被问及是否想要加入这类群体，这件事不由人们自己决定；试图离开这类群体往往会受到迫害或严厉惩罚，或者只有在某些特定条件下才可以离开。我们感兴趣的问题并不是为什么这类群体依赖这些特殊的保障措施，吸引我们的是这一事实：比起其他群体，这类具有特殊保障措施的高度组织化的群体让我们更容易看清楚一些状况。

虽然二者看似不同，但是在教会中（以天主教会为例）和在军队中是一样的，有同样的矫饰（幻觉），即存在一位领袖——在天主教会中是基督，在军队中则是指挥官，其对群体中的所有成员有一视同仁的爱。一切都依赖于这个幻觉，如果幻觉破灭，只要外部的强制力同意，教会和军队就都会立即瓦解。基督明确表达了平等的一视同仁的爱："这些事你们既做在我这弟兄中最小的一个身上，就是做在我身上了。"对于信神的群体中的个体而言，基督是一个善良的哥哥，是父亲的替代者。对个体的要求皆从基督的爱衍生而来。民主的风气贯穿整个教会，因为在基督面前人人平等，基督的爱没有厚此薄彼。天主教会群体与家庭的相似性并非没有深刻原因，信徒称彼此为教会中的兄弟，也就是说，基督的爱让他们成为兄弟。毫无疑问，每个人与基督之间的纽带引发了他们彼此之间的纽带的形成。这种情形在军队中也是一样。军队指挥官相当于一位父亲，平等地爱所有士兵，因此，士兵成为同志。军队的结构和教会的不同，区别在于军队群体具有层级结构。可以说，一名上尉是其所在连的指挥官和父亲，一名军士则是其所在下士分队的指挥官和父亲。教会也发展出了类似的等级制度，但有不同的作用，因为比起作为人类的指挥官，基督对个体的了解更深、关心更甚。

要反驳军队具有力比多结构的观点，有一种很有力的论点：对于军队凝聚力至关重要的祖国、民族荣耀等观念，在这里并未得到关注。我对此的回应是，这里所说的其实是一个不同的、更复杂的、规模更大的群体纽带，正如伟大的军事家恺撒、华伦斯坦、拿破仑的事迹所示，这些观念对于军队的存续并非必不可少。领导者可以被一种主导思想取代，我们会在后面简要讨论两种情况之间的关系。军队之中的力比多因素，即使不是唯一有效的因素，也是不可忽视的；倘若忽视了它，似乎不仅是理论上的缺陷，还会造成实际的危险。普鲁士军国主义——和德国科学界一样忽视心理学——在第一次世界大战期间或许就经历了这种危险。摧毁德国军队的战争神经症，在很大程度上源于军队中的个体对于自己在军队中应当扮演的角色的抗拒。根据西美尔的报告[22]，军队里上级的冷酷无情，是下级出现病症的诱因。如果能够更好地理解力比多理论，那么美国总统那梦幻般美好的“十四点和平原则”可能不会如此容易地得到人们信任，这一宏伟的政策工具也不会毁在德国的战争艺术家手里。

请注意，在这两个人为塑成的群体中，每一个成员一方面与领导者（基督或指挥官）有力比多纽带，另一方面则与群体中的其他成员有力比多纽带。至于这两种联系互相之间有什么关系，是否属于同一类型，是否具有同等价值，以及它们在心理学上应该如何被描述，我们只能留待稍后再研究。现在，我们可以指出，以前的研究者未能充分认识领导者对群体心理的重要性，而作为首先研究这一问题的我们，则处于更有利的位置。我们认为这是一条正确的道路，可以澄清群体心理学的主要现象，即群体中的个体为何没有自由（Unfreiheit）。既然每个成员都具有广泛的双向情感依恋，那么我们不难推断出个体人格改变并受限就是源于这种关系。

关于群体的本质是存于其中的力比多纽带，我们还有一个线索，即恐慌（Panik）现象——这种现象最好在军队群体中进行研究。当军队群体瓦解时，就会出现恐慌。群体中的个体不再服从上级的命令，而是各人顾各人，不再考虑别人。一旦彼此之间的联系被打断，一股巨大的、无意义的焦虑就产生了。当然，有人可能会提出反对意见，认为这里的顺序实际上是相反的，是因为焦虑已经先积聚起来，并超越了所有的相互间照顾和联系。麦独孤甚至使用恐慌案例（尽管不是军队的案例）作为主要例子，来论述如何通过传染（初级感应）增强情感。（第24页）但是，这种理性的解释在这里完全行不通。它只能解释为什么焦虑会膨胀。这不能归咎于危险的严重性，因为现在惊慌失措的这支军队或许曾经经历过类似或更大的危险，而且，恐慌的性质决定了其强度与其所面临的威胁不成比例，恐慌通常在最微不足道的情境下发生。如果个体在恐慌焦虑状态下选择只顾自己，说明他发现迄今为止一直在保护他的情感联系已经不复存在。现在只剩他独自面对危险，他可能会高估危险的严重性。因此，恐慌焦虑以群体的力比多结构松动为前提，群体的反应其实是合理的，而非相反的（群体的力比多纽带被危险导致的焦虑破坏）。

上述理论与群体中的焦虑通过诱导（传染）而迅速膨胀的说法并不矛盾。在危险真实存在且群体成员之间没有强烈的情感依恋时，麦独孤的观点是非常准确的，例如在剧院或娱乐场所着火时，就能体现这一点。但是更符合我们的目标且富含信息的案例是上述的军队恐慌案例，即危险并未超出一般的、通常可以被容忍的水平。人们对“恐慌”一词的使用可能并不带有清晰明确的定义。“恐慌”有时被用来代指群体焦虑，有时也用来表示个体的焦虑，一般来说，这个词似乎特指无缘无故的焦虑爆发。如果我们从群体焦虑的意义出发来理解“恐慌”一词，我们可以做一个宽泛的类比。个体的焦虑要么来自严重的危险，要么来自放弃情感依恋（力比多贯注），后一种情况对应于神经症性焦虑。[23]同样，群体的恐慌要么源于影响每个成员的严重危险，要么源于将群体成员维系在一起的情感依恋的中断，后一种情况也类似于神经症性焦虑。［参见贝拉·冯·费尔采齐（Béla von Felszeghy）的这篇深思熟虑、多少带点幻想色彩的文章：《恐慌和泛滥的情节》（“Panik und Pan-Komplex”，1920）。］

如果像麦独孤那样，把恐慌作为“群体心灵”最明显的特征，就产生了这样一个悖论，即群体心灵会在表现出其最引人注目的特征时面临解体。毫无疑问，恐慌意味着群体的解体，恐慌导致群体中的个体往常对彼此的照顾中断。

恐慌爆发的典型情境类似于内斯特罗伊（Johann Nestory）对黑贝尔（Friedrich Hebbel）的戏剧《尤迪特和霍洛费纳斯》的戏仿。

一个战士喊道：“指挥官的脑袋掉下来了。”这时所有亚述人都逃跑了。任何意义上的领导者的丧失，或者他逐渐变得疯狂，都随时可能导致恐慌的爆发，即使面临的危险并无变化。通常来说，随着与领导者联系的中断，群体成员相互之间的联系也消失了。群体像一个尖端被折断的波隆尼瓶[1]一样碎成了粉末。

宗教群体的解体就不太容易观察到了。我最近读了一本以天主教为背景的英文小说，这本书由伦敦主教所推荐，名为《天黑时》（*When It Was Dark*），我认为书中巧妙且恰当地描绘了宗教解体的可能性及其后果。书中讲述的故事仿佛发生在现代，反对基督及其信仰的一群敌人通过密谋成功地在耶路撒冷发现了一个墓室，并发现了一段铭文。这段铭文是亚利马太的约瑟的自白，他承认自己出于虔诚而在基督下葬后的第三天偷偷从坟墓中取出了遗体，并埋葬在此处。这就颠覆了基督复活的真实性和他的神性，这一考古发现导致欧洲文化被撼动，暴力和犯罪行为异常激增，直到造假者的阴谋被揭露后才平息下来。

在这个虚构的宗教群体解体的案例中，伴随其解体的并非人们的焦虑（缺乏引起焦虑的情境），而是对他人无情、敌意的冲动，这些冲动在此之前一直因为基督一视同仁的爱而没有机会释放出来。[24]但是除了这种联系，即使是在基督被推翻之前，依然有一些不属于信仰群体的人，他们不爱基督，基督也不爱他们。这就是为

[1] 波隆尼瓶与“鲁珀特之泪”是有相同物理原理的两种玻璃制品，它们都有很高的强度，但都有一个极度脆弱的点，只要这个点受力，整个器皿就会碎成粉末。——译者注

什么一种宗教——即使它自称是爱的宗教——必须对那些不属于它的人展现冷酷无情的一面。基本上，每一种宗教都对它的信徒充满爱，对不属于它的人则表现得残忍和不宽容。尽管对个人而言，要理解这一点十分困难，但人们不应该过分指责信徒。从心理上讲，非信徒和对宗教不关心的人更容易应对残忍和不宽容。即使这种不宽容不再像前几个世纪那样暴力而残酷，我们也很难得出社会风气已经缓和的结论。因为更主要的原因是宗教感情和以其为基础的力比多纽带的削弱。如果另一种群体纽带取代了宗教纽带，其对局外人的不宽容将与宗教冲突时代的一样；如果科学观点的差异能够给群体带来类似的意义，那么同样也会导致这种结果。

Ⅵ　下一步的任务和工作方向

到目前为止，我们已经考察了两种人为塑成的群体，并发现群体受到两种类型的情感依恋所支配，似乎更具决定性的一种——至少对这两种群体而言——是群体成员与领导者之间的联系，另一种则是群体成员之间的联系。

群体的形态学还有很多亟待研究和描述的内容。一个首要的结论是，只要个体之间没有建立联系，单纯的人群就不是群体，但我们也必须承认，在任何单纯的人群中，很容易出现形成心理群体的趋势。自发产生的、或多或少长期存在的群体值得关注，我们可以研究它们形成或解体的条件。特别是，我们关心有领导者的群体和没有领导者的群体之间的区别。有领导者的群体是否更原始、更完整？没有领导者的群体中是否存在一种观念或一种抽象概念取代了领导者（宗教群体和他们无形的领导者可以作为过渡形态）？以及一种共同的趋势，或一种多数人可以分享的愿望，是否能够同样替代领导者？反过来，抽象概念可以或多或少体现在次级领导者的身上，从概念和领导者的不同关系出发，能够衍生出有趣的多样性。领导者或起领导者作用的观念也可以是消极的，比如对特定个人或机构的仇恨也可以把人们团结在一起，唤起类似的情感依恋。这就引出了一个问题：领导者的存在对于群体的本质来说是必不可少的吗？

对于这类问题，我们可能会在群体心理学文献中找到部分解答，但我们不会转移对群体结构中的基本心理学问题的兴趣。群体的特征之一是力比多纽带，有一种思路能用最简短的证据证明它，我们首先便被这种思路所吸引。

先来看这样一个问题：通常人们如何建立情感联系？根据叔本华讲述的豪猪在寒冷天气中互相取暖的寓言，人们不能容忍彼此过于亲近。[25]

根据精神分析理论，几乎每一种双方之间持久的亲密情感关系[26]——婚姻、友谊、亲子关系——都包含消极敌对的感受，想要消除这种感知，只有通过压抑。当合伙人之间出现不和或下级抱怨上级时，这种感知就变得无法掩饰了。如果人们聚集在一起形成更大的团体时，情况也是一样。比如两个家庭因为婚姻而结合在一起时，每个人都认为自己更优秀、更崇高，高对方一等。毗邻的两个城市互相嫉妒，彼此竞争；每个州都轻视其他的州。来往密切的部落互相排斥，德国南部的人不喜欢德国北部的人，英格兰人说苏格兰人的坏话，西班牙人鄙视葡萄牙人。如果差异更大，则会造成难以克服的厌恶，比如高卢人对日耳曼人、雅利安人对闪米特人、白人对有色人种的态度，早就不能让我们感到惊讶了。

当敌意指向所爱的人时，我们会称之为情感矛盾（Gefühls ambivalenz），并以一种无疑过于理性的方式解释亲密关系中出现利益冲突的多重诱因。面对亲密的陌生人时表现出的毫不掩饰的厌恶和排斥反映了一种对自己的爱、一种自恋，它力求自我保护，仿佛与它的个体形成有所偏差就是对其的批评，要求其改造自己。我们不知道为什么它会对微小的差异如此敏感，但毫无疑问，人们的这种行为表明了仇恨倾向和攻击性，虽然原因尚不清楚，但或许我们会把它归因于基本性格。[27]

但是，所有的不容忍都在群体中或群体形成时短暂或永久地消失了。只要群体继续存在，或群体形成继续下去，个体就会表现得好像是一致的，他们容忍彼此的特殊之处，把彼此放在平等的地位上，并且对彼此没有排斥感。根据我们的理论，想要实现这种对自恋的限制，只能依靠一种因素，即与他人的力比多联系。对自己的爱的唯一阻碍是对他人的爱和对客体的爱。[28]这就引出了一个问题：在没有力比多作用的情况下，利益共同体是否肯定不会导致对他人的宽容和为他人考虑？对这个问题的回答是：在这种情况下，不可能产生对自恋的持久限制，因为这种容忍取决于个体从合作中获取的直接利益能持续多长时间。虽然如此，这一论点的实际价值比人们想象得要小，因为经验表明，在合作中，合作伙伴之间往往会形成力比多联系，这会延长并稳固他们之间的关系，使之超越利益层面。同样的情形也会在人们的社会关系中发生，就像精神分析研究从力比多的发展过程中所发现的那样。力比多倾向于满足重大的生命需要，并选择与之有关的人作为首要对象。人类作为一个整体的发展过程也与个体一样，只不过爱扮演一种文化因素，使利己主义向利他主义转变。以下两种爱都是如此：对女性的性爱以及由此产生的义务，去保护她所珍视的东西；对男性的不含性欲的、升华的同性之爱，这与共同工作有关。

因此，如果自恋式的自爱在群体中被限制，在群体之外则不受任何影响，那么这就是一个令人信服的迹象，表明群体形成的本质是群体成员之间建立了新的力比多纽带。

现在，我们所感兴趣的问题变成了这些联系在群体中有怎样的表现。在有关神经症的精神分析理论中，我们目前几乎只关注那些把爱的本能驱力投向客体（以性为直接目标）的依恋。显然，群体不可能以性为直接目标。我们在这里所处理的爱的本能驱力，虽然看起来强度并没有降低，却偏离了它们原本的目标。我们已经知道，在一般的性客体贯注的场景中，我们观察到了一种现象，即当本能驱力的目标偏移时，会发生什么事。我们称这种情况为爱恋（Verliebtheit），并发现它伴随着对自我的损害。我们今后将更加关注爱恋的表现，我们有理由期望在其中发现可以用来解释群体形成的因素。此外，我们还想知道从性生活中观察到的这种客体贯注是不是与另一个人产生情感依恋的唯一方式，或许我们应当考虑其他类似的机制。事实上，我们从精神分析中了解到有其他的情感依恋机制，即所谓的“认同”（Identifizierung），这是一种不广为人知且难以描述的过程。接下来，我们要讨论有关认同的问题，并暂时离开群体心理学的主题。

Ⅶ 认同

精神分析认为，认同是对他人的情感依恋的最早的表达形式。认同参与了俄狄浦斯情结的形成。一个小男孩对他的父亲产生了特别的兴趣，想成为像父亲一样的人，并在每一件事上都想取代父亲。这么说吧：他以父亲为理想。这种行为与小男孩面对父亲（以及面对一般男性）时的消极或女性态度无关，而是非常男性化的。它与俄狄浦斯情结相一致，为后者做好了准备。

在认同于父亲的同时，或者更晚一些时候，小男孩就开始根据依附类型的不同对母亲进行客体贯注。于是，小男孩表现出两种心理上迥异的依恋：对母亲是纯粹的性客体贯注，对父亲是榜样认同。二者在一段时间内和平共存，互不影响，互不干扰。但是随着心灵生活不可避免地向前推进，二者最终会相遇，并引发正常的俄狄浦斯情结。当小男孩和母亲在一起时，他注意到父亲阻挡了他的路，于是他对父亲的认同萌生出敌意的色彩，并且想要取代父亲在母亲身边的位置。认同从一开始就是矛盾的，既可以转变成一种温柔的表达，也可以转变成一种消除的愿望。认同的作用就像力比多发展的第一个阶段口欲期一样。在口欲期，婴儿所渴望并珍视的客体被同化为饮食，从而将其摧毁。众所周知，食人者就停留在这一阶段；食人者爱吃他的敌人，却不吃那些他完全不爱的人。[29]

对父亲的认同后来就变得难以观察了。或许俄狄浦斯情结会逆转过来，小男孩会以女性的态度将父亲视为满足直接性本能的客体，这时，对父亲的认同变成了对父亲的客体依恋的先导。将性别对调，就是小女孩可能面对的情形。

我们可以很容易地用通俗的话来说明对父亲的认同和以父亲为客体选择之间的区别。在前一种情况下，父亲是小男孩想要成为的人，在后一种情况下，父亲则是小男孩想要拥有的人。区别在于，这种依恋联结的是自我的主体还是自我的客体。前者可能出现在性客体选择发生之前。若想用元心理学来生动地呈现这种差异，则要困难得多。我们只能这样来说：一个人通过认同，力图以与被视为"榜样"的另一个人类似的形态来塑造自我。

从一个更复杂的情境出发，我们来看一下认同在神经症症状形成中的作用。这一回我们关注的是一名小女孩，她患上了和她母亲一样的症状，例如咳嗽。这一现象产生背后的原因有多种可能。小女孩对母亲的认同可能与俄狄浦斯情结相同，即对母亲怀有敌意，想要取代母亲的位置，把父亲当成爱的客体；她在负罪感的影响下实现了对母亲的替代——这个想成为母亲的小女孩，至少承受着折磨母亲的症状。这就是癔症症状形成的完整机制。或者，小女孩的症状与她所爱之人相同［例如，在《少女杜拉：癔症案例分析的片段》（*Bruchstück einer Hysterie-analyse*）中，杜拉模仿她父亲咳嗽］。那么，我们就只能给出这种解释：认同取代了客体选择，客体选择退行回到认同。我们已经说过，认同是最早、最原始的情感依恋形式。在症状形成的条件下，即在压抑和无意识机制的支配下，经常发生客体选择变回认同的情况，即自我吸纳了客体的特性。值得注意的是，在这些认同中，自我有时会模仿所爱的人，有时则会模仿不爱的人。让我们感到震惊的是，这两种认同都是片面的、高度受限的，只会吸纳客体的某个单一的特征。

还有第三种尤其常见且意味深长的症状形成。在这种情况下，自我产生认同的同时，完全忽视了其与被模仿者之间的客体关系。例如，寄宿学校的一个女孩收到了她暗恋对象的信，但这封信的内容激起了她的醋意，于是她患上癔症，而一些知道内情的朋友也会通过我们所说的精神传染的方式而患上癔症。这里的机制是基于能够或想要把自己置于相同位置的认同。其他女孩也想拥有一段秘密的恋情，于是在一种负罪感的影响下，吸纳了与此相伴的痛苦。要说她们是出于同情才形成症状是不正确的。恰恰相反，同情正是通过认同产生的，其证据是这种传染或模仿也会发生在不像寄宿学校的女孩们那么亲密的人之间。一个人的自我在另一个人身上感知到了重要的相似之处（在我们的例子中，就是怀有同样的感情状态），然后因此建立了认同；而在病理性情境的影响下，这种认同就会转变为一种症状。因此，通过症状表现出来的认同成了两个自我的交集的标志，而两个自我本身则被压抑。

上述三个例子可以总结如下：第一，认同是对客体的情感依恋的最原始形式；第二，认同以一种退行的方式代替了力比多客体依恋，就像将客体向自我投射一样；第三，认同可以随着与不是性本能客体的人拥有共同点而产生，这个共同点越重要，这种片面的认同就越成功，也就越容易发展出新的依恋。

如前文所述，群体中的个体之间相互联系的本质就是认同，这种认同是由于共享某种重要的情感而产生的，我们可以推测，其共享的是与领导者的纽带的性质。直觉告诉我们，我们关于认同的理解仍然远远不够，心理学中的“共情”（Einfühlung）过程仍有待研究，共情在我们需要理解他人的自我时起着最重要的作用。现在，让我们把讨论限制在认同对情感的直接影响上，而不去谈及它在我们的智力生活中的重要性。

精神分析研究偶尔需要处理较为棘手的精神病问题，但也能够为我们揭示在其他一些情况下令人难以理解的认同。我将详细介绍两个案例，作为进一步思考的材料。

在很多情况下，男性同性恋是这样产生的：在俄狄浦斯情结的作用下，一名男青年曾在很长一段时间中强烈地固着于他的母亲。青春期过后，终究还是到了他把母亲换成另一个性客体的时候。这时，扭曲突然发生了。青年并没有离开他的母亲，而是认同于她，把自己变成了她，于是开始寻找可以取代他自己的自我客体，让他可以去爱和照顾，就像他从母亲身上学到的那样。这种情况十分常见，经得起反复检验，并且不论我们假设该青年持有何种有机本能动力或动机，这一过程都不会受到影响。这一认同令人惊讶的地方在于它的广泛性，它改变了自我中最重要的部分——性别特征，并将它变得与先前的客体一样了。这样一来，客体本身就被抛弃了，至于是绝对地被抛弃了，还是被保存在无意识中，在此不予讨论。认同于被遗弃或被丢失的客体以替代它，将它向内投射到自我之中，这并不是什么新发现。我们可以在儿童身上直接观察到这样的过程。《国际精神分析杂志》最近刊登了一则观察报告，一名儿童因为失去了他的小猫而很不高兴，于是宣称他自己变成了小猫，开始手脚并用地在地上爬行，还拒绝在餐桌上吃饭。[30]另一个将客体向内投射的案例，是关于忧郁症的分析。这种疾病最明显的诱因，就是在客观上或情感上丧失所爱的客体。它的一个主要特征是对自我的贬低，结合了无情的自我批评与苦涩的自我谴责。精神分析表明，这种贬低和谴责实际上是指向客体的，代表了自我对客体的报复。客体的阴影落在了自我上面，我已在别处论述过。[31]客体的向内投射在这里是清楚无误的。

但是，忧郁症还告诉我们一些其他事情，这对我们以后的思考可能十分重要。它向我们展示了分裂的自我，自我分为两个，互相抗衡。分裂出来的第二个自我是通过向内投射得来的，其中包含着丢失的客体。这部分自我行事冷酷无情，我们对此亦不陌生。它包含了良心，即自我中负责批判的权威，即使是在正常状态下，良心也对自我持批判性立场，只是不会如此无情和不公正。在此前关于自恋、哀伤和忧郁症的讨论中，我们已经不得不假设过：在自我之中发展出一个部分，它可以将自己与剩余的自我隔离，并与之发生冲突。我们称之为“自我理想”（Ichideal），并赋予它内省、道德良心、梦境审查的功能，它的主要功能是压抑。我们指出，自我理想是原初自恋的继承者，在原初自恋中，儿童的自我是自给自足的。自我理想逐渐被环境所影响，吸收了环境对自我的要求之中自我所不能满足的部分。所以，当一个人无法从他的自我中得到满足时，仍然可以从分化出来的自我理想中得到满足。在被观察妄想（Beobachtungswahn）中，我们发现自我机构的解体变得明显，并且起源于权威（特别是父母）的影响。[32]但是，我们没有忘记提到，自我理想与实际自我之间的距离，对于每一个个体而言是非常不同的，在许多人身上，自我内部的这种分化并不会比儿童更进一步。

但是，在可以使用这些材料去理解群体的力比多组织之前，我们还必须考察客体与自我之间的一些其他关系。[33]

Ⅷ　爱恋和催眠

惯用语的使用虽然可能显得异想天开，但仍然反映着某种现实。在惯用语中，“爱”被用来代指非常多样的情感关系，我们在理论上也把它们概括为爱，但又不禁怀疑，这些爱是否是真实的、正确的、真正的爱，因此，爱的现象可能可以分成不同的级别。我们很容易通过观察发现这一点。

在一些情况下，爱恋无非是性本能为了直接的性满足而进行的客体贯注，当它的目的实现时，这种痴迷也就停止了，这就是所谓的普通的、感官的爱。但是，我们知道，性欲很少止步于如此简单的局面。刚刚熄灭的欲求肯定会被重新唤醒，向性客体投入持续贯注，即使在没有欲求的间隔期也要“爱”它。

还存在另一种情形，并可以从人类爱情生活那匪夷所思的发展史中看出端倪。在发展的第一个阶段，通常在5岁之前，儿童把父母中的一位作为第一个爱的客体，其所有性本能都通过这个客体得到了满足。稍后产生的压抑迫使人们放弃了大部分这类童真的性目标，儿童与父母的关系也发生了深刻的改变。儿童依然依恋父母，只不过通过被称为“目标受阻”的本能驱力。从这时起，对这些所爱的人的感受被称为“温情”。众所周知，在无意识中，早期的“感官上的”追求或多或少地留存下来，因此，在某种意义上，原先的全部流动都依然存在。[34]

而随着青春期的到来，新的、非常强烈的直接朝向性目标的追求就产生了。在不理想的情况下，新的追求仍然作为一种“感官上的”流动，与持续的温情感受是分开的。这时，就会出现一个画面，它的两种情形被某些文学流派欣然理想化。男人为地位尊贵的女人而狂热，地位尊贵的女人却没有激起他的性欲，他只对他“不爱”、不屑甚至鄙视的女人才有性交能力。[35]然而，更经常发生的是，青少年在某种程度上成功地整合了非感官的、天堂般的爱和感官的、世俗的爱，他与性客体的关系的特点是目标受阻的本能驱力与未受阻的本能驱力的配合。根据目标受阻的温情本能驱力的强度，人们可以衡量爱恋和单纯的感官欲望的程度。

我们从一开始就在爱恋的情境中注意到了性的高估现象，即被爱的客体享有免于批评的自由，相较于不被爱的人或该客体被爱之前，同样的特性在被爱的客体身上得到了更高的评价。如果感官上的追求能够被有效地压抑或搁置，就会导致这样一种假象：客体是由于它的精神方面的长处才受到喜爱，但实际上正相反，是感官上的符合心意，才赋予它精神方面的长处。

这种扭曲判断的企图就是理想化（Idealisierung）。然而，这帮助我们确定了这件事的性质。我们认识到，人们对待客体的方式与对待其自我的方式相同，也就是说，爱恋就是大量的自恋力比多溢出到客体上。在某些形式的爱情选择中，客体明显被用来代替未实现的自我理想。人们之所以爱这样的客体，是因为其具备人们的自我所向往的完美，而人们想要通过这种迂回的方式获取这份完美，来满足他们的自恋。

如果性的高估和爱恋进一步增强，对这一现象的解释也会越来越明确。在这种情况下，对直接的性满足的追求被完全推后，比如常见的年轻人的狂热的爱。自我变得越来越没有要求、越来越谦虚，客体则变得越来越伟大、越来越珍贵。它最终占有了自我的全部自爱，并自然地导致了自我牺牲的结果。可以说，客体已经吞噬了自我。每一个爱恋案例都会表现出谦逊、对自恋的限制、自我伤害等特征。在极端情况下，这些特征得到加强，并因为感官要求的退出而占主导地位。

如果爱不快乐，无法得到满足，上述情况就很容易出现，因为每一次性满足都会使性高估被减弱。自我为客体的“献身”已经和升华后的“奉献”的抽象概念没有区别了，与此同时，原本属于自我理想的功能也完全失效了。自我理想本该行使的批评功能不再有效了，客体所做的和要求的一切都是正确的、无可挑剔的。良心也不适用于为了客体的利益而做出的任何举动，在爱的妄想中，人就成了不知悔改的罪犯。整个情况可以用一句话来概括：客体已经取代了自我理想的位置。

现在，我们可以很容易地描述认同与爱恋的最高形式——所谓的迷恋（Faszination），如胶似漆——的区别。在认同中，自我用客体的特性丰富了自己，按照费伦齐的说法就是“向内投射”。在迷恋中，自我变得贫乏，向客体臣服，让客体取代了自我最重要的组成部分。不过，只要认真思考，我们很快就会发现，这种表述描述的是一种根本就不存在的对立。因为其中并不存在经济学意义上的丰富或贫乏，我们完全可以这样来描述迷恋——自我将客体引入了自身。或许，另一种区分更切中要害。在认同中，客体已经丢失或者被遗弃了，之后，客体才在自我中被重建，自我以丢失的客体为榜样而改变。在迷恋中，客体被保留了下来，却过度占用并损害了自我。但是，这里也引出了一个问题。如果我们已经确信，认同的前提是放弃对客体的贯注，那么难道被保留下来的客体就不能被认同吗？当我们准备着手讨论这个微妙的问题时，突然顿悟，其实还有一种区分更贴近这种状态的本质，即客体所替代的是自我，还是自我理想？

显而易见，爱恋与催眠并非天差地别，而是惊人地相似。人们在面对催眠师时与面对心爱的客体时都表现得低伏、顺从、不带批判性。人们还会遏制自己的主动性。毫无疑问，催眠师取代了自我理想的位置。所有的因果都被催眠放大，所以通过催眠来解释爱恋十分有利，反过来则不然。催眠师是唯一的客体，是唯一被注意到的存在。自我就像做梦一样听从催眠师的要求，相信催眠师的断言，这提示我们，在自我理想的功能之中，现实检验的任务被我们忽视了。[36]当被赋予现实检验任务的精神机构都认为这种感知是现实时，自我也难免会把这当作真实的。催眠完全不涉及不受约束地追求性目标，这也是催眠现象十分纯洁的原因之一。在催眠关系中，爱可以不受限制地奉献，但又排除了性满足；而在爱恋中，性满足只是暂时被推迟，但仍作为一种可能性而留在幕后。

此外，我们也可以说，催眠关系——如果可以这样表达的话——是两个人的群体形成。催眠很适合用来与群体形成相比较，因为它实际上与群体形成是一样的。群体的结构十分复杂，但催眠帮我们从中分离出一个元素，即群体成员对待领导者的行为。催眠与群体形成的区别在于人数的限制，而催眠与爱恋的区别则在于它省略了直接的性追求。因此，它占据了二者中间的位置。

有趣的是，恰恰是目标受阻的性追求实现了人们之间如此持久的依恋。这很容易理解，因为性追求无法得到满足，而不受阻的性本能在每一次达成性目的后，都会大幅减弱。感官上的爱注定会在被满足后消退，想要维持得久一些，它必须从一开始就掺入纯粹的温情，也就是目标受阻的成分，或者经历这样的转换。

催眠将帮助我们解开群体的力比多构成之谜，只要催眠本身不会脱离之前理性推导出的特征，即作为排除直接性追求的爱恋。不过我们必须承认，催眠仍有许多地方是神秘的或被误解的。它包含着一种由上级与没有能力的、无助的下级之间的关系所带来的能力丧失效应（导致动物产生惊惧麻痹的也是这种效应）。催眠是如何发生的，它与睡眠有什么关系，都仍是谜团。有的人能够被催眠，有的人却不能，这种神秘的选择性，也表明了在催眠中仍然存在一种不为人知的时刻，也许是力比多态度纯粹的原因。另外，值得注意的是，被催眠者的道德良心往往会显示出抵御能力，即使他在别的方面都完全接受了意志移植。不过，这也有可能是因为通常在催眠的实践中，被催眠者可能抱有一种这不过是个游戏的念头，认为催眠只是对另一个更重要场景的模拟。

通过上述讨论，我们可以得出解释群体中的力比多构成的公式。它至少适用于我们迄今为止所考虑的这种群体，即有一个领导者，并且没有通过过度的“组织”而间接获取群体成员的特性。初级群体由这样一些个体所组成，他们用同一个客体代替了他们的自我理想，他们的自我因此而相互认同。这种关系如下图所示：

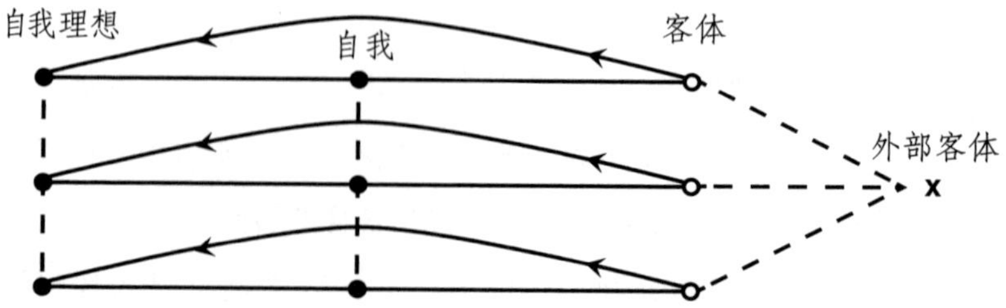

Ⅸ　合群本能

我们不能满足于用上述公式去解释群体的谜团。因为我们马上就发现，我们基本上只是用催眠的谜团代替了它，而实际上许多问题仍未解决。现在，我们要借助另一种反对意见来开拓新的方向。

我们从群体中发现的广泛的情感依恋足以解释群体的一个特征，即个体缺乏独立性和主动性，每个人的反应都与其他人的反应相同，可以这样说，个体降低到了与群体中的个体相同的水平。但是，如果我们把群体当作一个整体，就会发现群体还有更多特征，比如智力表现减弱，情动不受抑制，没有节制且拖延，在表达感情时超过限度并在行动中尽情发泄。这些我们在勒庞的著作中读到的特征都给人一种清晰的印象：群体的心灵活动退行到了早期阶段，就像我们在野蛮人或儿童身上观察到的那样。在普通的群体中，这种退行尤其明显；我们知道，在高度组织化的人为塑成的群体中，这种退行在很大程度上被遏制了。

于是我们得到一种印象：个体孤立的激动情绪和私人的智力活动都过于微弱，无法单独存在，因此必须通过其他人做出的类似行为来加以确认。我们知道，这种依赖现象在很大程度上就是正常人类社会的一部分，而原创性和个人勇气则少之又少。我们也知道人们有多么容易被种族特征、阶级偏见、舆论等群体心灵态度支配。如果我们认为意志移植影响不仅可以由领导者施加，还可以由每个人对其他人施加，这个问题就更加复杂了。我们需要反思为何片面强调群体成员与领导者的关系，并且不恰当地忽视了成员之间的意志移植。

因此，另一种声音又吸引了我们的注意，它承诺会在更简单的基础上进行解释。这种声音来自W. 特罗特关于群体本能的精彩著作，这本书唯一令我感到遗憾的是，它多少还是受到了上次世界大战[1]所激发的恨意的影响。[37]

特罗特将群体的心灵现象归结为一种合群本能（Herdeninstinkt，即合群性），是人和其他动物与生俱来的本能。这种合群性若用生物学内容来类比，可以说是多细胞性的延续；若从力比多理论角度来看，所有类似的生物都有集合成更全面的单位的趋势。[38]个体在孤立时会感到不完整。幼童的焦虑感也是这种合群本能的表现。与群集（Herde）对立、与群集分离一样会造成焦虑，因此要避免。群集会拒绝一切新的、不寻常的东西。合群本能是最基本的存在，是不能继续分割的。

特罗特给出了他认为主要的一系列本能驱力（本能），包括自我保护本能、营养本能、性本能和合群本能。其中，最后一个经常与其他三个处于对立地位。负罪感和责任感都是群居动物的特有属性。此外，特罗特还假设合群本能导致了精神分析在自我中发现的压抑力量，并因此导致了分析师在精神分析治疗中遇到的阻抗。语言的重要性在于让群集中的个体相互理解，个体之间的认同也在很大程度上依赖语言。

勒庞主要关注典型的短暂的群体形成，麦独孤关注稳定的社会结构，而特罗特所感兴趣的则是人们生活在其中的最普遍的纽

[1] 指第一次世界大战。——编者注

带——政治动物（ζῷου πολιτικóυ）——并用心理学加以解释。然而，在特罗特看来，没有必要去解释合群本能的源头，因为他将之定义为基础本能，无法进行拆解。特罗特评论说，鲍里斯·西迪斯（Boris Sidis）从意志移植感受性中推导出了合群本能，但这则评论是画蛇添足。这是从一个众所周知的、令人不满意的模型得出的解释，而这个主张的表述如果反过来，即意志移植感受性是合群本能的衍生物，在我看来更加合理。

倘若要反对特罗特的论述，其实比反对其他人的论述更容易，因为他的论述对领导者在群体中的作用考虑得太少。这和我们的判断相反。我们认为，如果忽视了领导者，就无法理解群体的性质。合群本能压根没有涉及领导者，就好像领导者只是凑巧来到这个群集中，这样合群本能也解释不了为什么人们需要上帝，就像只有羊群，而没有牧羊人。此外，我们也可以用心理学来推翻特罗特的理论，也就是说，我们至少可以主张合群本能并非不可分割，它不是像自我保护本能和性本能那样基础的本能。

想要追溯合群本能的个体发生情况当然不是一件简单的事。幼儿独自一人时感到焦虑，被特罗特解释为合群本能的一种表达，但其实也可以做另外的解释。这也可以解释为一种未被满足的渴望的表达，开始是幼儿对母亲的渴望，后来是对其他熟悉的人。幼儿还不知道该怎么做，只能将其转化为焦虑。[39]孤独的幼儿的焦虑不会仅仅因为看见任意一个“来自群集”的人而被安抚下来，恰恰相反，只会因为这样一个“陌生人”的到来而被引发。在很长一段时期内，人们都无法在儿童身上观察到合群本能或者群体的感觉。

这种感觉首先会在儿童与父母的关系中萌生，这是年龄较大的孩子对年龄较小的孩子最初嫉妒的反应。大一点的孩子肯定会嫉妒并想要取代小一点的孩子，让他远离父母并剥夺他的所有权利。但是鉴于这个孩子——和所有后来出生的孩子一样——也同样受父母爱护，而且由于这个大一点的孩子不可能坚持这种敌对态度而不伤害自己，他被迫认同其他孩子，在孩子们之间形成了一种群体或社区的感觉，这种感觉后来会在学校里进一步发展。这种反向形成的第一个要求就是公正，即平等地对待所有人。众所周知，学校对公正的呼吁有多么响亮和坚定。如果一个人没有被偏爱，那么至少别人也不该被偏爱。如果不能在后来不同的环境中再次观察到同样的过程，人们可能会认为在幼儿园和学校里，嫉妒不可能被一种集体感觉转变和取代。试想，在歌手或钢琴家演出之后，一群陷入热恋的女人和女孩挤在他的身边。当然，她们之间显然彼此嫉妒，但是考虑到人数之多和终究无法实现的目的，她们并没有把嫉妒释放出来，也没有互相撕扯头发，她们转而像一个统一的群体一样，用共同的行动向偶像致意，并且很乐意分享他的饰物。本来是竞争对手的她们却因为对同一个对象的爱而互相认同。如果同一种本能驱力情境能够产生不同的结果，那么我们不应该对以下现象感到惊讶：某一种能够带来某种程度满足的结果出现了，而另一种可能的结果，即使更为接近现实，却因为现实状况的限制而未能实现。

不可否认的是，我们在社会中观察到的有效的共同精神，比如团队精神（*esprit de corps*）等，源于原初嫉妒。没有人应该超过别人，所有人都应该拥有相同的东西。社会公正意味着如果一个人不能做很多事情，那么所有人都不能做这些事情，或者不能提出做这些事的要求。对于平等的要求是社会良心和责任感的根源，我们已经通过精神分析理解到，它以一种意想不到的方式表现在梅毒患者担心其他人被感染的焦虑中。这些可怜人的焦虑，其实反映了他们正在强烈地抵抗自己想要将感染传播给他人的无意识欲望——为什么只有他一个人被感染了并被排除在那么多事情之外，而其他人却不会呢？所罗门审判[1]的精彩故事也有同样的核心。如果一个母亲的孩子死了，另一个母亲的孩子也不能活着。这个愿望找出了应当败诉的一方。

因此，社会情感依赖于将最初的敌对情感转变为以认同为本质的积极依恋。到目前为止，就我们所观察到的而言，这种转变似乎是在对一个群体之外的人的温情依恋的影响下发生的。我们对认同的分析虽然并不详尽，但就我们当下的目的而言，只要专注于一致平等这个特征就足够了。在讨论教会和军队这两个人为塑成的群体时，我们已经说过，它们形成的前提是所有人都被领导者一视同仁地爱着，但我们不要忘记，群体对平等的要求只适用于群体成员，而不适用于领导者。所有个体都应该是平等的，但他们都希望被一个人统治。彼此平等的人有很多，他们可以相互认同，但是还有一个人优于其他所有人，这就是我们在能够存续的群体中发现的情况。因此，让我们大胆地纠正特罗特关于人是“合群动物”（Herdentier）的说法，可以说人是“成群的动物”，即由首领领导的部落成员。

---

[1] 这是《圣经》中的经典审判。——编者注

X　群体和原始部落

1912年，我曾接受达尔文的一个猜测，即人类社会的原型是由一个强壮男性不受约束地统治着的部落。我还试图论证，这个部落的命运在人类遗传历史中留下了不可磨灭的痕迹，特别是图腾崇拜的发展，包含着宗教、道德和社会结构的开端，伴随着对部落首领的暴力杀戮和从父系部落向兄弟团体的转变。[40]诚然，这只是史前史学家试图揭示幽深的原始时代的许多假设之一——一个还算讨人喜欢的英国评论家诙谐地称之为“无法检验的叙事”，但我认为，如果这种假设能够在新的领域中建立一种连贯合理的解释，就应该受到尊重。

人类群体有一种我们所熟悉的场景，即在一群相似的成员之中存在着一个无比强大的人，我们对原始部落的猜想也是如此。这个群体的心理，正如我们所经常描述的那样——有意识的个体人格消失，思想和情感都有共同的走向，情动和无意识心灵占优势，将萌生的意图立即执行的倾向——都与原始心灵活动的状态一致，就像在原始部落里那样。[41]

因此在我们看来，群体就好像是原始部落的再生。正如原始人实际上保存在每个个体中一样，原始部落也可以在每一次群体形成中重现，只要群体形成依然支配着人们，我们就可以认为原始部落在其中延续。我们不可回避地得出结论，群体心理学是最古老的人类心理学；而我们忽略了群体心理的痕迹，把那些在群体心理的基础上逐渐发展并部分独立出来的内容，当作个体心理来进行研究。

我们稍后将尝试阐明这种发展的起点。

接下来的思考会告诉我们，这一论断的哪一点需要更正。个体心理学应该和群体心理学一样古老，因为从最初就有两种心理：一是作为群体成员的心理，二是作为父亲、首领和领导者的心理。群体中的个体——就像我们现在知道的那样——受到了限制，但原始部落里的父亲是自由的。即使是在单独一人时，他的智力行为也依然强有力且独立，他的意志不需要受到他人肯定。因此，我们假设他的自我几乎不受力比多的约束，他除了自己谁都不爱，除非他人能够满足他的需要。他的自我没有给客体留下任何剩余的东西。

在人类历史初期，他相当于尼采所说的超人，不过尼采认为超人只有在未来才会出现。即使到了现在，群体中的个体依然需要假装自己被领导者平等公正地爱着，但领导者本人不需要爱任何人，他可以保持统治者的天性，绝对自恋、自信且独立。我们知道爱可以抑制自恋，并且可以证明爱的这种效应如何成为一种文化因素。

原始部落最早的首领并非长生不老，是后来才被神化的。如果首领死去，就必须有人接替这个位置；可能是由他最小的儿子来接替，而在此之前，这个儿子是和其他人一样的群体成员。因此，必然存在一种方法，可以把群体心理转变为个体心理；也必定存在一种条件，能够让这种转变顺利发生，就像蜜蜂在需要时能够将幼虫变成蜂后而非工蜂。我们只能这样设想：原始的族长禁止儿子们满足他们直接的性追求；他强迫儿子们禁欲，因此儿子们与他以及他们彼此之间的情感依恋来自性目标追求被压抑而产生的强烈欲望。

换句话说，他把群体心理强加在儿子们身上。他的性嫉妒和不容忍成为群体心理的根源。[42]

成为继任者的人也拥有了性满足，从而得以脱离群体心理的状态。当力比多被固着在女性身上后，满足就不会被延迟，不满足也不会积累，目标受阻的性追求不再重要，从而使得自恋可以始终保持在高水平。我们将在“补充”一节继续讨论爱与性格形成之间的关系。

值得我们特别注意的是，将人为塑成的群体凝聚在一起的各种方式——除了强制手段——与原始部落的结构有怎样的关系。我们已经知道，军队和教会中的领导者在佯装平等和公正地爱每一个人。这其实是对原始部落的情况的理想化改造，在原始部落中，儿子们知道自己会受到父亲的迫害，并且都一样害怕父亲。人类社会接下来的一种形式——图腾氏族——即以这种转变为前提，这也是一切社会责任的前提。家庭作为一种自然的群体形成，之所以能够坚不可摧，是因为家庭真的具备父亲一视同仁地爱所有人这一必要先决条件。

我们希望能通过群体与原始部落的比较获得更多信息。我们希望借此接近尚未理解的东西，比如群体形成的秘密，隐藏在催眠和意志移植背后的谜团。我认为，这是可行的。要知道，催眠的确有令人毛骨悚然之处，这种神秘指向了一些古老而熟悉的东西，它们一直被压抑着。[43]让我们回想一下催眠是如何进行的。催眠师自称拥有某种神秘的力量，能够剥夺被催眠者的意志或者类似的东西，而被催眠者信以为然。这种神秘的力量——仍然被普遍称为动物磁气（tierischer Magnetismus）——一定就是原始人认为的禁忌之源的力量，也是来自国王和酋长的使人不敢靠近的力量［玛那（Mana）］。催眠师被认为应该具有这种力量，那么他该怎么做呢？他会要求对方直视他的眼睛。催眠师经常使用目光来催眠。然而，对于原始人而言，酋长的视线是危险的、难以承受的，就像神之于凡人一样。摩西必须做他的族人和耶和华的中间人，因为他的族人不能承受上帝的目光，而当摩西见过上帝后回来时，他的脸上散发着光芒，一些“玛那”已经转移到了他身上，就像原始人的中间人那样。[44]

还有其他一些诱导催眠的方法，例如盯着闪亮的物体或倾听单调的声音，不过这些方法具有误导性，引来了一些不恰当的生理学理论。其实，这些方法的作用只是分散或吸引有意识的注意力，就仿佛催眠师在对被催眠者说“现在您只关注我，对世界的其他部分完全没有兴趣”一样。当然，从技术上说，催眠师不可能真的说出这句话，这会把被催眠者从无意识态度中拉回来，引起意识层面的抵触。不过，只要催眠师避免将被催眠者的意识引导到催眠意图上，同时被催眠者也沉浸在一种对世界毫无兴趣的状态中，这样被催眠者就会在不知不觉中真正将全部注意力集中在催眠师身上，与催眠师建立关系并发生移情。催眠的间接方法和一些笑话所使用的技巧一样，能够阻止那些扰乱无意识过程的心灵能量的分布，并最终带来与凝视或抚摸的直接影响相同的效果。[45]

费伦齐正确地指出，催眠师把自己放在父母的位置上，就像父母下达睡觉的指令那样施行催眠。他认为，我们应当区分两种不同的催眠：一种是合人心意的安抚，即以母亲为榜样的催眠；另一种是威胁，即以父亲为榜样的催眠。[46]所以在催眠中，入睡的指令其实就是让被催眠者无视世界，专注于催眠师。被催眠者也是这样理解的，因为无视外部世界正是睡眠的心理特征，这使得睡眠与催眠状态十分接近。

催眠师通过各种方式在被催眠者身上唤醒了其从祖先那里继承来的一部分内容，这部分内容也与父母有关。与父亲有关的内容在个体中复兴，那是一种压倒性的、危险的人格观念，让人只能被动地、受虐地回应，丧失自己的意志，并且，与其单独相处（“待在他的眼皮子底下”）似乎是一种危险。这是我们关于原始部落中的个体与首领之间关系的唯一想象。我们从其他反应中得知，个体保留了不同程度地重现这些古老情境的能力。催眠毕竟只是一种游戏，是对那些古老印象的欺骗性重现。这种认识应当被保存下来，用以抵御催眠对意志的过度破坏所造成的恶果。

群体形成具有神秘和强迫性的特征，其体现了在意志移植现象中，因此可以推断出这一特征起源于原始部落。

群体的领导者仍然是令人畏惧的首领，群体仍然希望被无限的权力统治，高度沉迷于权威，并且正如勒庞所说的——渴望服从。首领是群体的理想，他代替自我理想支配着自我。催眠完全可以被称为“二人群体”。至于意志移植，我们没有必要将它定义为建立在感知和思考之上，它只是一种基于情欲纽带的信念。[47]

XI　自我的一个层次

倘若考虑诸多学者就群体心理学所做的互相补充的论述，当有人想对个人生活进行调查时，一定会感到畏惧，不敢对这些复杂的生活状态进行总结。每个人都属于多个不同的群体，在许多方面受到认同的束缚，每个人的自我理想都是根据各种各样的榜样构建的。每个人都属于某一种族、阶级、宗教团体、国家，并在这些群体心灵中占有一席之地，此外，他还可以超越上述心理，具有些许独立性和特殊性。这些稳定而持久的群体形成，以及其统一而持久的效果，其实不比快聚快散的群体引人注目，勒庞根据后一种群体出色地描绘了群体心灵的心理特征。在这些嘈杂而短暂的群体中，个体与个体重叠在一起，我们刚才所描述的个体的独特性便都消失得无影无踪，即使这只是暂时的。

我们会这样来理解这一奇迹：个体放弃了他的自我理想，将其替换成了领导者所展现的群体理想。顺便补充一句，这种奇迹对每个人来说并不完全一样。很多人的自我与自我理想分离得并不彻底，二者仍然很容易重合，自我往往还保留着之前的自恋性的自满。这种情况非常有利于当选领导者。领导者往往只需要具备这些个体的典型特性，将其表现得特别明显和纯粹，并给人以拥有更大的力量和更自由的力比多的印象。这样他就能够满足人们对强大的领导者的需要，并因此获得优势。若非如此，他可能不会获得这种优势。其他人的自我理想如果没有得到纠正，那他们的自我理想就不会体现在领导者身上，此时他们则是被“意志移植”裹挟，也就是被认同所带动。

我们发现，我们之所以能够为阐明群体的力比多结构做出贡献，其源头可以追溯到自我与自我理想的区别，以及由此产生的双重纽带——认同于客体，将客体代入自我理想。关于自我的这种区分的假设，是自我分析的第一步，我们必须在各种心理学领域中证明其合理性。在我的文章《论自恋》（“Zur Einführung des Narzißmus”）[48]中，我已经收集了可以用来支持这种区分的初步资料。但我们可以预期，随着我们对精神病心理学的研究越来越深入，它还会变得更加重要。试想，自我当下进入了与某一客体和从它发展出来的自我理想的关系中，而外部客体与整个自我的全部相互作用——关于神经症的研究已经让我们对此很熟悉了——都会在自我内部重复。

在此，我只想从这个角度出发来探讨其中一种可能的结论，并讨论一个我在别处未能解决的问题。[49]我们所知道的每一种心灵上的分化，都意味着心灵功能会变得更加复杂，其不稳定性也会更加复杂，并可能导致功能失效或者疾病。我们从出生开始，从自给自足的绝对自恋发展出了对不断变化的外部世界的感知，然后开始寻找客体。而与此紧密相连的，是我们无法持续忍受新状态的事实。也就是说，我们会时不时地后退，在睡眠中回到之前缺少诱惑、回避客体的状态。不过，我们之所以会这样做，也是因为得到了外部世界的提示，其通过昼夜交替的方式，让我们暂时回避影响着我们的大部分刺激。后一种状态没有类似前一种状态的限制，为病理学提供了更重要的例子。我们在发展过程中，已经将心灵库存分成了一个连贯的自我和一个被排除在自我之外的、被压抑的无意识部分。我们知道，这种新获得的状态的稳定性会不断受到冲击。在梦和神经症中，被压抑的部分企图突破大门，但是被阻抗挡住了；在健康状态下，我们使用特殊的技巧暂时将被压抑的内容纳入自我，绕过阻抗并获得愉悦。笑话和幽默，甚至是一般的搞笑，都可以用这种理论来解释。任何一个熟悉神经症心理学的人都能够想到这类无关紧要的例子，不过我还是想立即开始讨论它们的应用。

可以想象，自我理想与自我的分离无法一直被容忍，必须时不时地退回原状。由于自我所承受的克己和束缚，定期突破禁令就成了常规，就像节日制度所表明的那样，它们最初只不过是法律规定的无度，这种解放引发它们的欢乐特征形成。[50]古罗马的农神节和今天的狂欢节在这一基本特征上与原始人的节日相吻合，人们习惯于在节日里做出各种放荡的行为，甚至违反最神圣的诫命。但是，自我理想包含了自我应该服从的所有限制，因此，自我理想的退回对自我来说是一种盛大的节庆，自我又可以满足于自己了。[51]

当自我中的某些内容与自我理想相吻合时，人们总会有一种胜利的感觉。负罪感（和自卑感）也可以理解为自我与自我理想之间关系紧张的体现。

众所周知，有些人的情绪总体上会周期性地波动，从极其抑郁过渡到某种中间状态，再过渡到极其幸福。波动的幅度也非常不同，或许是刚到可以被注意到的程度，或许是极端的情绪如忧郁和躁狂，并以高度痛苦或破坏性的方式影响着人们的生活。在这种周期性波动的典型案例中，外在原因似乎并不起决定性作用，而这些病人的内在动机也与其他人没有太大不同，或根本没有什么不同。因此，这些案例被判断为是非心因性的，且已成为惯例。还有一些案例很容易追溯到心灵创伤的周期性低落，它们的表现非常相似，我们将稍后再讨论。

也就是说，这些自发情绪波动的原因尚不清楚，我们无法解释躁狂与忧郁交替的机制。不妨假设，这些病人可能适用于这一解释，即自我理想在特别严厉地支配自我之后，暂时地融入了自我。

为避免产生歧义，我在此声明：根据我们对自我的分析，在躁狂症中，自我和自我理想无疑融合在了一起，使病人能够消除禁忌、顾虑和自我谴责的影响，处于一种胜利和自我满足的情绪中。虽然不甚明显，但仍然很可能的是，忧郁症患者的痛苦是自我与自我理想产生冲突的表现，在这种情况下，过度敏感的自我理想通过自贬妄想和贬低自我，无情地表露出对自我的谴责。唯一的问题是，关于自我与自我理想之间的关系，是否可以通过上述周期性变化的新机制来解释，还是应该考虑其他可能的原因。在忧郁性抑郁症的临床表现中，向躁狂的转变并不是必要的特征。有一些简单的、只发作一次的忧郁症或者周期性反复发作的忧郁症，都不会出现躁狂。另一些忧郁症则有明显的发病原因。比如有的人失去了所爱的客体，无论是因为客体的死亡还是由于必须将力比多撤离客体。这种心因性的忧郁症也可能转变为躁狂症，这种循环也有可能会重复几次，就像自发患者身上出现的循环一样。所以，结论相当模糊，尤其是在我们只对少数形式的忧郁症进行过精神分析研究的情况下。[52]到目前为止，我们只了解那些由于客体不值得被爱而被放弃的案例。随后，客体会通过认同在自我之中重建，并被自我理想严厉指责。对客体的责备和攻击表现为忧郁症中的自责。[53]

这种忧郁症也可能转变为躁狂症，因而这种可能性则表示这是一种独立于临床其他表现的特性。

然而，对于两种类型的忧郁症（心因性忧郁症和自发性忧郁症），我认为不难发现其中都包含着自我对自我理想的周期性反叛。在自发性忧郁症中，我们可以假设自我理想倾向于发展出一种严苛性，然后自动导致其功能暂时被撤销。在心因性忧郁症中，自我因为认同于被摒弃的客体而受到自我理想的虐待，从而产生了反抗。

XII 补充

我们的调查已经得出初步结论，而在调查的过程中，我们发现了各式各样的小径——一开始我们对它们避而远之，但是一些深刻的洞见在向我们致意。现在，让我们来补充一些曾因此而被推迟讨论的内容。

A）在我们最初研究的军队和教会这两种人为塑成的群体之中，有一种关于自我认同和以客体取代自我理想之间区别的有趣解释。

显而易见，士兵以他的上级，即实际上的军队指挥官，为自我理想，同时认同他的战友，并从这个自我共同体中衍生出相互帮助和分享物品的义务。但是，如果士兵试图认同他的指挥官，就会显得荒谬。《华伦斯坦的营地》（*Wallensteins Lager*）中的骑兵嘲笑中士：

> 连他这般清嗓子、吐口水，
> 你都欣然学得惟妙惟肖……[1]

教会与军队不同。每一个信徒都把基督当作自我理想，并通过认同与其他信徒联系在一起。但是教会对信徒的要求不止于此。信徒也应该认同基督，爱其他信徒，就像基督爱他们一样。所以，教会从这两个角度要求补全群体形成的力比多位置。在有客体选择的地方，也应当有认同；而在有认同的地方，也应当有对客体的爱。这明显超出了群体构建的范畴。一个人可以是一个好的信徒，但是远未将自己放在基督的位置上，一视同仁地爱所有人。作为弱小的人类，人们不需要相信自己具有救世主般的伟大心灵和爱的力量。不过，教会群体中力比多分布的进一步发展，可能是教会声称其具有更高道德水准的基础。

B）我们说过，在人类的心灵发展中可能有一个点，在这个点上，个体身上发生了从群体心理到个体心理的发展。[54]

要讨论这一点，我们必须简单回顾原始部落首领的科学神话。他被尊崇为世界的创造者，这是正确的，因为他生下的儿子构成了

[1] 席勒（Friedrich Schiller）著名历史剧《华伦斯坦》三部曲的第一部。——编者注

第一个群体。他是每个儿子的自我理想，儿子们对他既畏惧又崇敬，这些之后成了禁忌（Tabu）的概念。后来，群体里的大多数人一起杀死了他。取得胜利的群体里没有一个人可以取代他的位置，万一有人可以取代，斗争就会重新开始，直到人们认清他们都必须放弃继承权。然后，他们组成了图腾兄弟团体，所有人都享有平等的权利并受到图腾禁令的约束。这些图腾禁令的目的是保存谋杀的记忆并赎罪。但是，对已经取得的成就的不满仍然存在，并将带来新的发展。渐渐地，兄弟群体的相关人等又在一个新的层面上恢复了过去的情形，男性成了一家之主，打破了在没有首领的时代所确立的女性统治特权。作为补偿，他可能会承认一位母神，作为对母亲们的保护；她们的祭司被阉割，就像原始部落的首领所做的那样。但新家庭只是旧家庭的影子，父亲的数量变多了，并且受到彼此权力的牵制。

这时，对匮乏之物的强烈渴望可能会使一个人脱离群体，置身于父亲的角色。第一位叙事诗人就做到了这一点，他的想象力带来了进步。诗人用谎言隐藏了真相，说出了他的渴望。他创作了英雄的神话。在神话中，父亲以图腾怪物的形象出现。英雄独自一人杀死了父亲。正如父亲是男孩的第一个自我理想，诗人在想要取代父亲的英雄身上创造了第一个自我理想。成为英雄的可能是家里最小的儿子，母亲对他十分宠爱，保护他免受父亲的嫉妒，并且在原始部落时代，他本该是父亲的继承人。女性会被当作奖品和唆使谋杀的诱饵，在以远古时代为背景所编造的故事中，女性很可能被塑造成犯罪行为的引诱者和教唆者。

英雄想要独自完成那项任务，但实际上肯定只能由整个部落来完成。然而，根据兰克（Rank）的说法，这样的神话故事虽然想要掩盖事实，但其中留下了清晰的痕迹。因为经常发生这样的剧情：必须完成一项艰巨任务的英雄（通常是家里最小的儿子，并且往往会在父亲角色面前表现得笨拙，也就是毫无威胁）必须借助一群帮手，而这些帮手可能是些小动物（蜜蜂、蚂蚁）。这些小动物代表着原始部落的兄弟，实际上，昆虫在梦中象征着兄弟姐妹（他们被轻蔑地认作是小孩）。此外，神话和童话中的每一项任务，都很容易看出其实是英雄事迹的替代。

因此，神话是个体脱离群体心理的第一步。最早的神话当然是心理神话，是英雄神话；解释大自然的神话一定是在非常后面才出现的。诗人已经迈出了第一步，从而在他的想象中脱离了群体，兰克在他的评论中接着指出，诗人还知道如何在现实中回归群体。诗人给群体讲述他所创作的英雄故事。这个英雄基本上就是他自己。于是，他让自己回到现实，让他的听众进入幻想。然而，听众可以理解诗人，由于他们与原始部落首领有相同的关系，他们能够认同故事里的英雄。[55]

英雄神话的谎言以将英雄神化而到达高潮。或许，被神化的英雄的出现早于父神，是部落首领作为神回归的先驱者。一系列的神如果按照出现时间排列，将分别是母神—英雄—父神。不过，正是因为那位从未被忘记的首领的形象被提升，神才具有我们今天仍然知道的这些特征。[56]

C）在这篇文章中，我们谈到了很多关于直接的或目标受阻的性本能的内容，我们希望这种区分不会遭到太多反对。在下文中，我们会对此进行详细讨论，虽然很大程度上是在重复前面已经说过的话。

关于性本能目标受阻，最早和最好的例子，当数儿童的力比多发展。儿童对父母和照顾者的所有感受都自由地流向了表达性本能的愿望。儿童会向亲近的人索取爱抚、亲吻、触摸和注视，对他们的生殖器感到好奇，在他们进行私密的排泄行为时想要待在一旁。男童许诺要和母亲或保姆结婚（尽管他并不理解什么是结婚），女童打算为父亲生一个孩子，等等。不论是直接观察，还是随后对童年残迹的分析，都毫无疑问地表明，温情、嫉妒感受和性意图完全融合在一起，向我们展示了儿童如何将所爱的人当作其尚未真正集中的性追求的客体。（参见《性学三论》）

儿童的爱的第一种形式通常与俄狄浦斯情结有关，众所周知，它从潜伏期开始就遭到压抑。这种爱最后留下的东西在我们看来是一种纯粹、温情的感情依恋，虽然仍指向同一个人，但不能再被描述为与“性”有关。用来发掘深层心灵生活的精神分析已经表明，儿童早期的性纽带会一直存在，不过会被压抑，进入无意识。我们因此可以断言，无论是在何时遇到的温情感受，其实都是对相关个体或他的原型（Vorbild，意象）的完全“感官上的”客体依恋的承续。当然，如果没有进一步的调查，我们无法得知这种依然存在的性涌动在特定情况下是否仍然被压抑，还是已经被消耗殆尽。更准确地说，我们可以确定它作为一种形式和可能性仍然存在，并且随时可以通过退行再次被激活。唯一的问题是（而且这个问题有时无法回答），它现在具有怎样的贯注和效果。我们必须警惕两种错误：一是斯库拉（Scylla）式的错误，低估了被压抑的无意识；二是卡律布狄斯（Charybdis）式的错误，倾向于用病理学来衡量正常人。

如果一种心理学不准备或无法深入被压抑的精神深处，它就会把情感依恋当成一种没有性目标的冲动的表达，尽管它们是从那些有性目标的追求中分化出来的。[57]

我们可以断定，它们已经脱离了性目标，尽管很难用元心理学的标准去描述脱离的过程。顺便说一句，这些目标受阻的本能驱力仍然保留了一些原初的性目标。即使是温情脉脉的人、朋友或仰慕者，也在寻求肉体上的亲近以及与所爱的人仅仅是“圣保罗式”的视线交会。如果愿意，我们可以在目标的分化中找到性本能的升华的开端，或者我们也可以进一步拓宽升华的界限。与不受限制的性本能相比，目标受阻的性本能具有很大的功能优势。由于无法完全满足，目标受阻的性本能能够创造持久的依恋，而直接的性满足每次都会失去能量，必须等待力比多的补充，与此同时，客体可能发生改变。被抑制的本能驱力能够以任何方式与不受约束的本能驱力混合，它们能够在两种状态之间来回切换。众所周知，建立在认可与钦佩的基础上的友好感情关系很容易产生色情的渴望（莫里哀的名言：“为了希腊之爱，请亲吻我。”），例如在师傅和学生、艺术家和倾心的听众之间，尤其是对女性而言。是的，这种一开始并非有意的情感依恋的出现，直接产生了一种常见的性客体选择方式。在《青岑多夫伯爵的虔诚》中，普菲斯特给出了一个清楚且肯定不是个案的例子，说明了即使是虔诚的宗教承诺也能够变成狂热的性兴奋。另外，直接、短暂的性追求转化为永久、单纯的温情依恋也是很常见的事情，建立在爱的激情基础上的婚姻的巩固与否在很大程度上取决于这个过程。

当然，我们也不必对此感到奇怪：如果内在或外在因素影响了性追求的实现，目标受阻的性本能可以从直接的性本能中产生。潜伏期的压抑是一种内在的障碍，或者更确切地说，是一种内化的障碍。我们假设原始部落的首领对性不宽容，并强迫他所有的儿子禁欲，从而让他们建立目标受阻的纽带，而首领自己保留着自由的性享受，因此始终不会与他人建立纽带。群体所依赖的所有纽带都是目标受阻型的本能驱力。说到这里，我们讨论的其实是一个新主题：关于直接性本能与群体形成的关系。

D）在上面两则评论中，我们已经发现直接的性追求不利于群体形成。在家庭的发展史上，也曾有过多重性关系（群婚），但性爱对自我来说越重要，越令自我痴迷，就越迫切地要求限制在两个人之间——一男一女（*una cum uno*）——这是由生殖目标的性质预先决定的。一夫多妻或一妻多夫的倾向，则只能通过一个又一个地改变对象来得到满足。

为了性满足而相互依赖的两个人，通过寻求独处来表现出对合群本能和群体情感的反抗。这两个人越是相爱，就越能彻底满足彼此。对群体的影响的抗拒，表现为一种羞耻心。极剧烈的嫉妒情绪被调动起来，以保护性客体选择免受群体纽带的干扰。只有当爱情关系中的温情因素（个人因素）让位给感官因素时，一对夫妇才有可能在其他人面前发生性行为或在一个群体中多人同时发生性行为，例如在狂欢中。但是，这是向着早期性关系状态的退行，在这种状态下，爱恋尚未发挥作用，性客体被认为是平等的，有点像萧伯纳的刻薄说法：爱情就是过分夸大一个女人和另一个女人之间的区别。

有很多迹象表明，爱恋进入男女性关系的时间较晚，因此性关系与群体纽带的对立也较晚才出现。现在看来，这个假设似乎与我们关于原始部落的神话有些矛盾。原始部落的兄弟们被他们对母亲和姐妹的爱驱使而弑父，很难想象这种爱不是完好而原始的，即温情与感性的亲密结合。但如果进一步思考，这其实不是一种反驳，反而确认了我们的假设。弑父的后果之一是建立图腾式的异族通婚制度，即不许与家庭中从小就深爱的女性发生性关系的禁令。这导致直到今天，男性的温情和感官冲动之间仍存在隔阂。[58]由于这种异族通婚制度，男性的感官需求不得不从他不爱的陌生女人身上得到满足。

在教会和军队这样的大规模人为塑成的群体中，没有女性作为性客体的空间。男女之间的爱情关系被留在这些组织之外。即使在由男女混合组成的群体中，性别差异也起不到作用。将群体凝聚在一起的力比多本质上是同性恋还是异性恋，这个问题是没有意义的，因为它没有性别上的区别，特别是还完全忽略了生殖器组织的目标。

直接的性追求也为人们提供了一种个体活动，否则个体会被群体淹没。当它十分强大时，就会破坏群体形成。天主教教会建议信徒独身，并且强制教士保持独身，但爱恋往往会促使神职人员离开教会。同样，对女性的爱打破了种族、民族和社会阶级秩序的群体纽带，从而完成了文化上的重要成就。似乎可以肯定，同性之爱与群体纽带更为相融，即使前者看似是一种不受约束的性追求。这一奇特的事实将有助于我们的进一步解释。

对精神神经症的精神分析研究告诉我们，其症状来自被压抑但活跃的直接性追求。这样说会更完整：对于目标受阻的人来说，抑制不能持续，或者已经回到被压抑的性目标上。与这种关系相对应的是，神经症会让人们变得不合群，并从群体形成中脱离出来。我们可以这样说，神经症对群体的破坏作用类似于爱恋。此外，我们可以看到，如果群体形成被强力推动，神经症可以消退或消失，至少在一段时间内如此。有人在治疗中尝试使用神经症和群体形成之间的这种冲突，这是一种正确的做法。宗教幻想正逐渐在现代文明世界中消失，即使是那些对此并不感到遗憾的人也会承认，倘若这种幻想仍然有效，就能够为那些相信它们的人提供抵御神经症的强力保护。在与神秘宗教或哲学神秘教派和团体的所有纽带中，也不难看出存在着各种治疗神经症的偏方。这一切都与直接的和目标受阻的性追求之间的对立有关。

当神经症患者远离群体、独自一人时，他就不得不以症状来取代将其排除在外的群体形成。他们创造了自己的幻想世界、宗教和妄想体系，从而以一种扭曲的方式重复着人类制度，这清楚地证明了直接性追求的压倒性力量。[59]

E）最后，让我们从力比多理论出发，将爱恋、催眠、群体形成和神经症等进行比较。

爱恋基于同时存在的直接的性追求和目标受阻的性追求，而客体将自恋力比多的一部分吸引了过来。爱恋只容得下自我和客体。

催眠与爱恋一样，有两个人的人数限制，但它完全基于目标受阻的性追求，并以客体取代了自我理想。

群体倍增了这一过程，就维系群体的本能及用客体取代自我理想而言，群体与催眠在本质上是一致的，但是，群体增加了对其他个体的认同，这种认同最初可能来源于他们与客体具有相同的关系。

催眠和群体形成这两种情况都是人类力比多的种系发生的遗传痕迹——催眠是遗留下来的一种倾向，群体则是直接的遗留物。用目标受阻的性追求取代直接的性追求，促进了自我与自我理想的分离，这种分离始自爱恋。

神经症则是另一种情况。神经症也基于人类力比多发展的特性——直接性功能会被开启两次，中间间隔着一个潜伏期。[60]就这一点来说，神经症与催眠或群体形成一样，都具有退行的特征，而爱恋则不具有这种特征。神经症发生在从直接性本能到目标受阻的性本能的发展尚未完全成功的时候，相当于经历了这种发展而被吸纳入自我中的本能与另一部分本能之间的冲突，后一部分本能在被压抑的无意识中努力争取直接的性满足。神经症的内容极其丰富，因为它包含了所有可能的自我与客体的关系，既包括客体被保留的情况，也包括客体被抛弃或在自我中被重建的情况，以及自我与自我理想之间的冲突。

【原注】

1. 由鲁道夫·艾斯勒（Rudolf Eisler）博士翻译，第二版，1912年。
2. 编者注：法文原文是"inconscients"。[1]
3. 勒庞的观点与我们的观点有一定区别，这是因为勒庞所使用的"无意识"概念与精神分析的不完全一致。勒庞的"无意识"强调种族心灵的最深层特征，而针对个体的精神分析实际上不可能接触到该层次。我们并非没有认识到，自我的核心（后来被我命名为"本我"）属于人类心灵的"古老遗产"，是无意识的，但是我们也发现该遗产的一部分也变成了"无意识中被压抑的"成分。勒庞的论述中缺少"被压抑的"这一概念。
4. 参见席勒的诗句："分开来看还算明智；聚在一起就成了傻子。"
5. 这里的"无意识"，勒庞使用的是其描述意义，不限于"被压抑的"。
6. 参见《图腾与禁忌》第三篇文章《泛灵论、巫术和思想的全能》。
7. 对梦进行解析是我们了解无意识心灵生活的最佳途径，为此我们需要遵循一些技术规则，即在描述梦的内容时排除怀疑和不确定，将梦显像中的每个元素都视为同样确定的。审查机制是梦的工作的基础；我们把怀疑和不确定归结为审查机制的影响，并假定初级梦念不会涉及怀疑和不确定等批判功能。当然，怀疑和不确定也可能像其他内容一样，作为白天的残留物而出现在梦里。（参阅《梦的解析》，第7版，1922年，第386页。）

---

[1] 原德语版编者注。——编者注

8. 在儿童的情动之中，激动情绪会向着极端和失控发展；梦的生活也是如此，由于无意识通常与个体的激动情绪隔离，白天克制住的愤怒可能会化作希望坏人死去的愿望，白天的细微诱惑也可能化作犯罪的冲动。汉斯·萨克斯（Hanns Sachs）博士对这一现象的评论十分精辟："梦所提供的关于现在（现实）的提示，如果我们去意识中搜寻，就会发现在精神分析的放大镜下看到的庞然大物，在意识中只是一只纤毛虫。"（参阅《梦的解析》，第7版，1922年，第457页。）

9. 例如，儿童对最亲近的人的矛盾情感态度是长期并存的，一种态度不会干扰另一种态度的表达。如果两者之间最终发生冲突，儿童往往会通过改变客体来解决这种冲突，即将矛盾的情绪之一转移到一个替代客体身上。我们还从成年人的神经症发展史中了解到，一种被压抑的情绪往往会在无意识甚至意识幻想中持续存在很长时间，这种情绪当然与主导性的追求相悖，但是自我也没有对此进行干预。这种幻想被容忍了很长时间，直到它突然间——通常是由于其情感贯注的增加——与自我产生冲突，从而诱发了神经症。

   在从童年到成年的发展过程中，人格会不断地整合，将个体中独立发展的本能冲动和追求整合在一起。我们早已熟知，性生活领域存在着类似的过程，所有的性本能都会在最终的生殖组织中整合在一起。（《性学三论》，1905年）另外，自我的整合可能会遇到与性本能的整合相同的干扰，关于这一点不乏著名的例子，比如那些仍然信仰《圣经》的自然科学家等。1923年附加：自我解体的各种可能性构成了精神病理学的一个专门章节。

10. 比较小B. 克拉斯科维奇（B. Kraškovič jun.）的《集体心理学》（*Die Psychologie der Kollektivitäten*）中的内容和参考文献。由西格蒙德·冯·波萨维奇（Siegmund von Posaveč）从克罗地亚语翻译为德语，武科瓦尔，1915年。

11. 参阅沃尔特·莫德（Walter Moede）的《群体和社会心理学的批判性概

述》（“Die Massen- und Sozialpsychologie im kritischen Überblick”），载于《教育心理学和实验教育学杂志》（*Zeitschrift für pädagogische Psychologie und experimentelle Pädagogik*），莫伊曼（Meumann）和谢布纳（Scheibner）主编，第XVI期，1915年。

12. 剑桥，1920年。

13. 《和平与战争时期的群体本能》（*Instincts of the Herd in Peace and War*），伦敦，1916年。

14. 1923年附加：然而，我不敢苟同汉斯·凯尔森（Hans Kelsen）的乍一看具有深刻洞察力的评论。凯尔森（《意象》，Ⅷ/2，1922年）认为，给组织赋予“群体心灵”，即一种独立于个体的心灵过程，是一个伪命题。

15. 布吕热耶（Brugeilles），《社会现象的本质：意志移植》（“L'essence du phénomène social: La suggestion”），《哲学期刊》（*Revue philosophique*），第LXXV期，1913年。

16. 康拉德·里希特（Konrad Richter），《德国的圣克里斯托弗》（“Der deutsche St. Christoph”），柏林，1896年，《日耳曼学报》（*Acta Germanica*）第V卷，第1期。

17. 威廉·麦独孤，《神经病学和精神病理学杂志》（*Journal of Neurology and Psychopathology*），第1卷第1期，1920年5月：《关于意志移植的说明》（“A note on suggestion”）。

18. 1923年附加：很遗憾，这项调查未能完成。

19. 纳赫曼松，《弗洛伊德的力比多理论与柏拉图的情欲理论的比较》（“Freuds Libidotheorie, verglichen mit der Eroslehre Platos”），《国际精神分析杂志》，第Ⅲ期，1915年；普菲斯特，出处同上，第Ⅶ期，1921年。

20. “我若能说万人的方言和天使的话语却没有爱，就成了高亢的歌钟、叮当的摇铃。”

21. 1923年附加：“稳定”和“人为”的特性在群体中似乎会同时出现，或者至少是密切相关的。

22.《战争性神经症与“精神创伤”》(*Kriegsneurosen und „psychisches Trauma“*)，慕尼黑，1918年。

23. 参阅《精神分析引论》，第二十五讲。

24. 关于废除父权后出现的类似现象的解释，参见P. 费德恩的《没有父亲的社会》(*Die vaterlose Gesellschaft*)，维也纳，1919年。

25.“在寒冷的冬日里，一群豪猪挤在一起，互相取暖以免冻死。然而，它们很快就感觉到了彼此的硬刺，于是互相拉开了距离。当取暖的需要使它们再次靠在一起时，它们也再一次被硬刺扎到——在这两种痛苦之间，它们来回折腾，直到找到一个合适的距离，让它们最能忍受。”(叔本华，《附录与补遗》，第Ⅱ卷，第XXXI章，《比喻与寓言》)

26. 也许只有母子关系是例外，这种关系建立在自恋的基础上，没有被后来的竞争干扰，并经过性客体选择的方式得到了加强。

27. 在最近(1920年)发表的论文《超越愉悦原则》中，我尝试将爱和恨的两极与生之本能和死之本能的对立联系起来，并将性本能作为前者(生之本能)的最纯粹代表。

28. 参阅《论自恋》，1914年。

29. 参阅《性学三论》和亚伯拉罕的《关于力比多发展阶段中最早的前生殖期的研究》(“Untersuchungen über die früheste prägenitale Entwicklungsstufe der Libido”)，《国际精神分析杂志》，第Ⅳ期，1916年，亦见于《精神分析的临床贡献》(“Klinische Beiträge zur Psychoanalyse”)，“国际精神分析”丛书，第10卷，1921年。

30. 马库舍维奇(Markuszewicz)，《对儿童自闭症思维的贡献》(“Beitrag zum autistischen Denken bei Kindern”)，《国际精神分析杂志》，第Ⅵ期，1920年。

31.《哀伤与忧郁》，《关于神经症理论的小论文集》，第Ⅳ卷，1918年。

32.《论自恋》，出处同上。

33. 我们很清楚，只凭借这些病理学案例，我们无法彻底弄清楚认同的本质，因此，群体形成的谜团也留下了一些未解开的部分。要解决这个问题，必须借助更彻底、更全面的精神分析。通过厘清认同、模仿和共情的机制，我们才能对群体的心灵生活进行讨论。此外，对于已有的关于认同的表述，也有很多需要澄清的地方。认同所导致的后果之一，就是在面对认同的对象时，人们会限制针对认同对象的攻击性，宽恕并帮助认同对象。罗伯逊·史密斯（Robertson Smith）研究了那些构成氏族社会基础的认同，并得出了一个出人意料的结论，认为这种基础是对共同物质的承认［《亲属关系与婚姻》（*Kinship and Marriage*），1885年］，因此也可以通过共餐来营造。这与我在《图腾与禁忌》里所论述的史前人类家庭中的认同异曲同工。

34. 参阅《性学三论》，1905年。

35. 《论性爱领域最普遍的衰退趋势》（“Über die allgemeinste Erniedrigung des Liebeslebens”），《关于神经症理论的小论文集》，第Ⅳ卷，1918年。

36. 参阅《关于梦理论的元心理学补充》（“Metapsychologische Ergänzung zur Traumlehre”），《关于神经症理论的小论文集》，第Ⅳ卷，1918年。1923年附加：然而，有人会质疑这种分配是否合理，这一点有待深入讨论。

37. W. 特罗特，《和平与战争时期的群体本能》，伦敦，1916年，第二版。

38. 参阅我的《超越愉悦原则》一文，1920年。

39. 参阅《精神分析引论》，第二十五讲。

40. 《图腾与禁忌》，1912/1913年，载于《意象》（副标题为“野蛮人与神经病人的心灵生活的相似之处”），1913年成书，1925年第4版。

41. 我们在前文中描述的人类的一般特征，用来描述原始部落尤其贴切。个体的意志十分薄弱，因此他不敢行动。除了集体的冲动，没有其他的冲动；只存在一个共同的意志，而不存在单个的意志。如果个体没有感知到某种想法已经通过广泛传播而得到强化，他就不敢把这种思想转化为意志。思想的这一弱点可以由人们的共同情感依恋的强度来解释，但是生活环境的相同性和私人财产的缺失又导致了个体心灵活动的一致性。即使在排泄需要上，就像在儿童和士兵身上可以观察到的那样，也不排除有共同之处。唯一有力的例外是性行为，对于性行为而言，第三者是多余的，在极端情况下，还会被认为是尴尬的等待。关于性需要（生殖器的满足）对群体性的反映，请参阅下文。

42. 也可以假设，被驱逐的儿子们在与首领分开后，实现了从相互认同到同性恋的客体之爱的发展，从而获得了杀死首领的自由。

43. 《暗恐》（“Das Unheimliche”），《意象》，V。

44. 《图腾与禁忌》及引用的资料。

45. 这种情况是，人会在无意识层面顺应催眠师，同时有意识地专注于持续的、无趣的感知；在精神分析治疗中也有相应的情况，因此值得在这里提及。在每一次分析中，都至少会发生一次这样的情况，病人坚持声称他当下什么都想不出来。他的自由联想停滞了，通常的尝试都无法奏效。经过分析师的催促，病人最终会承认，他在想治疗室窗外的风景、面前墙壁上贴着的墙纸或者天花板上悬挂的煤气灯。这时，我们就会马上发现，病人已经发生了移情，被与医生有关的无意识思想控制。并且，当医生为病人解释这一切之后，他的思路的阻塞就会立即消失。

46. 费伦齐，《向内投射与移情》（“Introjektion und Übertragung”），《精神分析与精神病学研究年鉴》（*Jahrbuch für psychoanalytische und psychopathologische Forschung*），第Ⅰ期，1909年。

47. 关于这一部分的讨论，我觉得值得强调的是，我们不得不从伯恩海姆对催眠的看法转回更朴素、更早的看法。根据伯恩海姆的观点，所有的催眠现象都来源于无法进一步解释的意志移植要素。我们认为，意志移植现象是催眠状态的一种，其基础是人类家族从史前保存下来的无意识倾向。

48. 《精神分析年鉴》，第Ⅵ辑，1914年；《关于神经症理论的小论文集》，第4卷。

49. 《哀伤与忧郁》，《精神分析年鉴》，第Ⅳ辑，1916/1918年；《关于神经症理论的小论文集》，第4卷。

50. 参阅《图腾与禁忌》。

51. W. 特罗特认为，压抑是由合群本能引起的。我在《论自恋》中曾提到，自我理想的形成是压抑的条件。这里并不存在矛盾，而只是换了一种表达形式。

52. 参见亚伯拉罕的《精神分析研究与治疗躁郁症等精神错乱及相关状况的方法》（“Ansätze zur psychoanalytischen Erforschung und Behandlung des manisch-depressiven Irreseins usw.”），1912年；《精神分析的临床贡献》，1921年。

53. 更确切地说：它们隐藏在对自己的自我的谴责背后，因此具有坚定、顽强和不可否认的特性，而忧郁症患者的自我谴责正是以此为特征的。

54. 以下内容受到与兰克的思想交流的影响。1923年附加：参阅《唐璜的形象》（“Die Don Juan-Gestalt”），《意象》，Ⅷ，1922年；1924年该文以书籍的形式出版。

55. 参见汉斯·萨克斯，《共同白日梦》（“Gemeinsame Tagträume”），此为作者在1920年第6届海牙精神分析大会上演讲中的自述，载于《国际精神分析杂志》，第Ⅵ期，1920年；稍后以书籍的形式发表［“意象”系列（*Imago-Bücher*）书籍，第3卷）］。

56. 在这篇简略的叙述中，所有来自传说、神话、童话、习俗等方面的材料都被省去，仅用于支撑架构。

57. 敌对感受当然具有更复杂的结构。

58. 参阅《论性爱领域最普遍的衰退趋势》，1912年。

59. 参阅《图腾与禁忌》，第二章《禁忌与矛盾双重性》结尾。

60. 参阅《性学三论》，第5版，1922年，第96页。

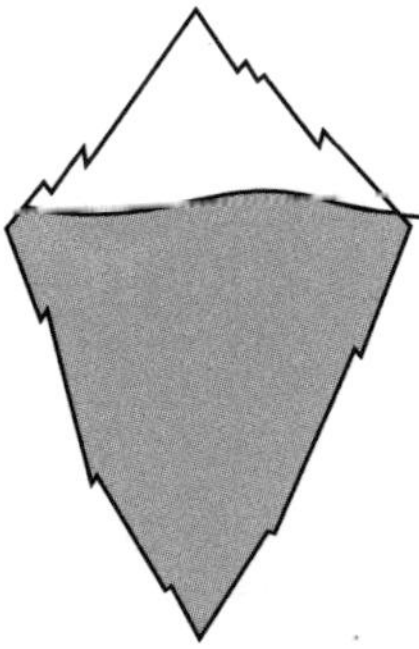

第3篇

自我与本我

三颗钻专家伴读

自我与本我

李孟潮

这篇文章是《超越愉悦原则》的后续，弗洛伊德做了一番改进，这一次他不再借用生物学的概念，他认为精神分析之后逐渐要变成纯粹的“心理学”而不是“脑理学”，不过我们在后文中不难发现，他还是忍不住讲了一些。

I　意识与无意识

这一节的大部分内容已经在本书导读中阐述过。需要补充的有以下几个要点：

要点1：弗洛伊德提出，有些人认为无意识不存在，那是因为他们没有研究过催眠和梦。的确如此，无意识这个概念不是弗洛伊德发明的，可能远在柏拉图时期就已经有了，但是进行催眠和对梦的工作的解析，的确是根据这个概念所进行的临床研究。

要点2：弗洛伊德在这一节引入了描述性无意识、动力性无意识和未被压抑的无意识。这些概念描述的现象是有治疗意义的，也就是说，有些无意识内容很容易被觉察，只要注意力一转移就可以觉察到。比如，一个人去参加正念训练或者内观禅修，他很容易就能听到平常注意不到的声音，想起平常遗忘的事情，敏锐地感觉到自己忽略的身体疼痛。

还有一些无意识内容是被压抑的，是自己的道德和良心不允许的，这一部分内容往往在梦中才能被唤醒。至于未被压抑的无意识内容，则有集体（演化）无意识和宇宙无意识。

要点3：弗洛伊德谈到了阻抗，一个对心理咨询很关键的概念。阻抗分为本我阻抗、自我阻抗和超我阻抗。本我阻抗主要是指爱本能的黏滞性和死之本能的保守性，自我阻抗主要是指移情阻抗、身份认同阻抗和次级获益，超我阻抗则是来自理想缺失和道德禁忌。

Ⅱ 自我与本我

弗洛伊德首先提出自我也可以是无意识的，他试图建立一个早期认知心理学模型来进行说明。一句话总结，自我以感知系统为核心，与记忆系统毗邻。

还有几个要点值得注意：

要点1：认知系统中有意象思维和言语思维，其中意象思维更加接近无意识。

要点2：意识和无意识系统的感知觉和记忆的加工，离不开语言系统的工作。

要点3：语言系统的工作起点是听觉系统。

弗洛伊德自己画了一幅心理结构示意图，这幅图就是冰山模型的原型。他还给出了著名的比喻：自我犹如骑马人，本我就像马匹。

最后，弗洛伊德特别强调了自我是从身体的感觉和知觉发展而来的。

Ⅲ 自我与超我（自我理想）

这一节标志着弗洛伊德的“三我”人格理论正式登场。这个时候弗洛伊德的超我，只包括了自我理想，后来才逐渐突出了超我的道德禁忌成分。

他阐述了将客体的内化对自我的形成起了很大作用。具体的内化机制就是“内摄性认同”。简单地说，就是把别人的形象留在心中，常常想起这个人，久而久之，潜移默化，自己就变得类似这个人。

因为自我已经变成了客体，所以本我可以对自我投注爱的能量。这样，爱的能量就从爱人变成了自爱，而失去了性欲色彩，弗洛伊德把这个过程称为升华。这里的升华其实是指“放弃幻想爱自己”，但是在后来的精神分析术语中，升华往往是通过创造性的艺术活动，消耗、引导自己爱的能量。

弗洛伊德提出了一种认同，叫作原始认同（本书译者将此译为“对个人原始祖先的认同”）。这种原始认同是最早的认同，早于爱能量对客体的贯注。大概弗洛伊德也发现了其含义的模糊，因此他加了一个注解，说明这是对“双亲”的认同。他举了一个女性的案例，案例中女性认同的，是一个她心中长着阴茎的母亲。这种双性同体的意象，其实就是荣格说的“原型意象”，也就是“个人原始祖先”。

弗洛伊德还阐述了俄狄浦斯情结，这时他已经区分了正向和负向两种俄狄浦斯情结。以女孩为例，正向俄狄浦斯情结是指她爱父亲恨母亲，负向则是爱母恨父。如果这个女孩认同自己是男孩，然后她再爱父恨母或爱母恨父，则称为倒错性俄狄浦斯情结。这三种俄狄浦斯情结，对每个人来说都是混合存在的。

弗洛伊德也开始用“超我”来代替“自我理想”，阐述超我的起源——一方面来自儿童的无助和依赖，让儿童必须认同超我；另一方面是人类为了度过冰河时期，形成了对性欲压抑的文化倾向，从而形成了人类性生活的两阶段发展特征。第一阶段叫作第一生殖器期（俄狄浦斯期），第二阶段则是第二生殖器期（青春期）。俄狄浦斯期之前还有口欲期和肛欲期，分别是指人追求来自口腔的愉悦感和来自肛门的愉悦感。

弗洛伊德认为，人类的道德性和超越性体现为超我中的自我理想。他并没有忽视这些内容。他提出自我和本我不是截然两分的，自我和本我辩证互补。

Ⅳ　本能驱力的两种类型

弗洛伊德意识到本能的性质其实是二元论宇宙哲学。它确定了弗洛伊德学说的学科本质——宇宙哲学和人生哲学。所以法国哲学家米歇尔·翁福雷在其著作《一个偶像的黄昏：弗洛伊德的谎言》中，花了很大篇幅，论证精神分析实质上是一种哲学。

弗洛伊德试图论述生之本能和死之本能的冲突，转化为了爱恨冲突。他也开始探索爱与恨的相互转化。

弗洛伊德已经隐约地意识到，情绪是需要重点探索的入口，情绪可以根据生之本能和死之本能分类为爱的情绪和恨的情绪。

弗洛伊德构想出一种新的动力、一种新的能量，除爱本能和死之本能外，这种能量帮助生之本能和死之本能彼此转化。但是他并没有发展这个概念。弗洛伊德显然不希望出现三元动力，所以他把这种中性的转化能量仍归为爱本能。爱本能分为自恋和客体之爱，弗洛伊德把这种能量归类为自恋的爱本能。

那么爱和恨为什么会相互转化？而且这种相互转化不仅是病理的状态，比如偏执狂。他只是指出这种中性能量是被升华后的性爱能量，它保持了联合和联结的功能，但是没有性欲色彩了。

弗洛伊德又试图探索客体之爱和自恋的相互转化关系、本我和自我的相互转化。

这两个相互转化的问题，在后来的客体关系学派中，一直积累了两代人的努力才得到回答，就是客体关系配对的分裂和投射性认同。

V 自我的附属关系

弗洛伊德在这一节简要论述了本我、自我、超我三者的关系。

这一关系简要概括为：超我通过本我投注爱的能量到客体而形成，自我则是通过认同超我和客体而形成。[1]然后，本我、自我、超我三者就你中有我，我中有你，相互转化。这就是为什么冰山模型中，本我、自我、超我三个部分彼此接壤，相互渗透，而不是像金字塔一样层层叠叠，界限分明。

接着弗洛伊德举例说明强迫症和忧郁症，认为这两种心理障碍存在强大和苛刻的超我，对自我进行愤怒的攻击。他提出一种防御机制，叫作攻击转向自身，就是说，一个人对外的攻击性如果被抑制得太厉害，他的超我就会变得残忍，超过普通道德水准。

弗洛伊德阐述自我的重要性，自我建立了时间感，开启了思维过程，出现了自我能动性，它就像宪政体制下的君王。从感知本能、服从本能到抑制本能，弗洛伊德定义了精神分析，精神分析的目的就是用自我征服本我。这形成了精神分析的主流，即自我心理学派。他也论述了自我的另外一面，就是本节标题提示的，自我的附属关系。它一仆三主，听命于本我、超我，还有外界客体。它要时刻提防自己被死之本能吞噬。

在这种状况下，自我发展出各种焦虑情绪。弗洛伊德论述了精神分析的焦虑理论，比如死亡焦虑、超我焦虑、分离焦虑等。焦虑被称为情绪的通用货币，也就是说，所有情绪都可以变为焦虑，焦虑也可以变为所有情绪。那么它和之前的爱、恨两大类情绪有何关系呢？人类总是会混杂爱和

---

[1] 有关本我、自我和超我的关系，弗洛伊德在其著作中，前后有多次调整。有时他认为，自我和超我，都来自本我；有时认为自我来自对客体的认同，超我是从自我的一部分——自我理想——分化形成；还有时认为，超我主要来自父母认同的外在社会文化，自我通过认同超我和客体而形成。

恨两大类情绪，也会根据不同条件，调配爱和恨的比例，就像做面食要和面一样，面多了要加水，水多了要加面。

焦虑就是爱和恨两种情绪的组合，根据历史上各种焦虑理论，大概有以下几种焦虑：

（1）失整合焦虑：因心理功能不能协调一致而焦虑；（2）分离焦虑：因和客体分离而焦虑；（3）丧失客体焦虑：因担心失去客体而焦虑；（4）阉割焦虑：因担心别人阉割自己的生殖器而焦虑；（5）超我焦虑：因担心自己达不到自我理想或者违反道德禁忌而焦虑；（6）表现焦虑：因担心自己表现不好而焦虑；（7）存在焦虑：因担心自己和别人的存在是否有意义而焦虑；（8）死亡焦虑：因担心自己死亡而焦虑。

延伸阅读

［1］乔纳森·海特：《象与骑象人》，李静瑶译，浙江人民出版社，2012年。

［2］克里斯托弗·博姆：《道德的起源——美德、利他、羞耻的演化》，贾拥民、傅瑞蓉译，浙江大学出版社，2015年。

［3］乔希·科恩：《死亡是生命的目的：弗洛伊德导读》，唐健译，中信出版社，2017年。

［4］帕梅拉·瑟齐韦尔：《导读弗洛伊德》，李新雨译，重庆大学出版社，2015年。

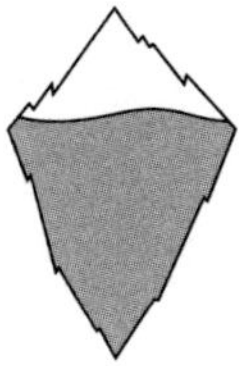

自我与本我

本文延续了我在1920年发表的《超越愉悦原则》一文中开启的思路。当时我写作的态度，正如《超越愉悦原则》中所说的，是一种纯然善意的好奇。本文将继续讨论这些思想，并结合在精神分析中观察到的事实，尝试得出新的结论。不过，与《超越愉悦原则》相比，本文没有借用更多生物学概念，因而更偏向于精神分析。从性质上看，本文是综合性的，而非推断性的。它似乎有远大的目标，实际上却只能算浅尝辄止——我明白，也承认这一局限性。

同时，本文触及了尚未成为精神分析的研究对象的内容，也难免会略微提到一些由非分析师或已退出精神分析界的前分析师所提出的理论。在其他时候，我总是乐意承认自己从他人的工作中受惠，但这次我没有致谢的义务。倘若迄今为止，精神分析尚未论及某些主题，那绝不是因为无视了这些主题的作用，也不是想要否定其价值，而是因为精神分析要走的道路尚有很长一段待开拓。当它终于抵达某处时，看到的风景也将与众不同。

I　意识与无意识

在开篇第一节里，我不会讲新内容，而是重复早先讲过的内容，这也是不可避免的。

将精神划分为意识的和无意识的，是精神分析的基本前提。唯有如此，精神分析才得以理解心灵生活中普遍且重要的病理过程并对之进行科学分类。换句话说，精神分析不可把意识看作精神的本质，而必须把意识看作精神的一种性质，既可以与其他性质共存，也可以单独存在。

如果我可以假设每一个对心理学感兴趣的人都会翻开本文，那么我也该做好准备，有些读者看到上面这句话后，就不会再往下看了——因为它是精神分析的第一个暗号。在大多数接受过哲学训练的人看来，“某个东西是精神的，但不是意识的”这种想法不仅令人难以理解，而且荒谬可笑，仅凭逻辑就能加以否定。我想，这只是因为他们从未研究过催眠和梦的相关现象，而这些现象——它们远非病理性的——会确凿地引出上述想法。毕竟，他们的意识心理学没有能力处理催眠和梦的问题。

“有意识的”起初是一个纯粹的描述性术语，指最直接、最确定的感知。我们从经验中得知，精神元素，例如一个念头，通常不会一直是有意识的。比较有特点的是，被意识到的状态很快就会过去；这一刻被意识到的念头，下一刻就不再是这样了，不过在某些容易创造的条件下，它又会再次被意识到。在两次被意识到之间，我们不知道那是什么；我们可以说它是潜伏的，意思是它是随时可被意识到的。或者，我们如果说它是无意识的，其实也是一种正确的描述。无意识的，等同于潜伏的和可被意识到的。哲学家们固然会反驳道："不，'无意识的'一词在此并不适用，倘若一个念头处于潜伏状态，它就根本不是精神的。"如果我们抓住这一点进行反驳，只会陷入一场口水仗，没有任何好处。

所以，我们会用另一种方法得到无意识这一术语或概念——通过处理那些涉及心理动力学的经验。我们都经历过，或者说，我们必须假定，存在着一些非常强烈的心灵过程或念头——这里首先考虑的是量化因素，或者说经济因素。它们本身没有被意识到，却可以像其他普通的念头一样对心灵生活造成影响，这些影响反过来可以变成被意识到的念头，只是它们本身并不会成为有意识的。在此没有必要详细重复那些已介绍过多次的内容。这已经足够引出精神分析理论了。精神分析理论认为，一种念头之所以不能被意识到，是因为有某股力量在对抗它，若非如此，它是可以被意识到的，并且人们会发现，它与那些被公认的精神元素之间几乎没有区别。这一理论已被以下事实所证实：已有一些精神分析的技术手段能够消除这股对抗力量，让此类念头进入意识。我们把此类念头进入意识之前的状态称作压抑，把引发和维持压抑状态的这股力量（我们在做分析工作时就能感受到它）称作阻抗。

从压抑学说中，我们得到了无意识的概念。我们可以把被压抑的内容当作无意识的范式。不过我们看到，我们具有两种无意识：一种是潜伏的，但可被意识到的；另一种是被压抑的，本身就已然不可被意识到的。我们对精神动力学的洞见不可避免地影响了命名和描述。我们把只是描述性的而不是动力学意义上的无意识称为前意识，把无意识一词仅用于动力学意义上为无意识的被压抑的内容。也就是说，我们共有三个术语：意识的、前意识的、无意识的。其含义并非只是纯粹描述性的。我们认为，前意识比无意识更接近意识，既然我们已经称无意识为精神的，当然也可以称潜伏的前意识为精神的，后者更不会引发异议。那么，我们为什么不愿意把前意识和无意识与有意识的精神生活区分开，以与哲学家们保持一致呢？哲学家们或许会建议我们把前意识和无意识归为“类精神”的两个种类或阶段，如此双方即可达成共识。倘若如此，后续讨论将变得艰难无比，因为这是在所谓类精神内容的重要性尚不为人所知的时期遗留下来的一种偏见，而唯一重要的事实——所谓类精神的其实在几乎所有其他方面都与被公认为精神的相一致——将因这种偏见而黯然失色，并被置于次要地位。

现在，我们可以方便地使用意识、前意识和无意识这三个术语。不要忘记，在描述性意义上有两种无意识，在动力学意义上则只有一种。在阐述某些问题时，我们可以忽略这种区分，但在阐述另一些问题时，这种区分是不可或缺的。毕竟，我们已经习惯了无意识概念的这种双重性，一直与它相安无事。在我看来，这种双重性是无法避免的。意识与无意识之间的区别终究是一个感知的问题，可以用“是”或“否”来回答，而感知行为本身并不会告诉我们某物被感知或不被感知的原因。我们不能抱怨这种动力学只能从外观上进行模糊的表述。[1]

然而，在精神分析工作的发展过程中，我们发现，即便是这种区分也不够充分，且无法满足实践的要求。在所有此类情形当中，以下提到的内容至关重要。我们已经发现，一个人的心灵过程具有连贯的组织，并称之为这个人的自我。意识依附于自我，自我控制着运动的通道，即向外部世界释放兴奋；自我是一个心灵实体，控制着所有局部过程。到了晚上睡觉的时候，它也进入梦乡，并继续处理梦的审查。自我也是压抑的来源，压抑使得心灵的某些追求不仅被排除在意识之外，也被排除在其他类型的作用和活动之外。在精神分析中，通过压抑而被消除的内容与自我呈对抗之势，分析的任务就是消除自我对被压抑的内容所表达的阻抗。现在已经知道，当我们在分析过程中给病人安排某些任务时，他会陷入困境；当病人的联想应当接近被压抑的内容时，他会停止。如果我们告诉这位病人他正被阻抗所支配，就会发现他其实对此一无所知，即使他因为不适感而猜到正有某种阻力影响着他，他也无法命名或描述它。然而，阻抗其实来自病人的自我——这一情形在我们的意料之外。在自我之中有着这样一种成分，它是无意识的，它的表现也和被压抑的内容一模一样；也就是说，它没有被意识到，却能表现出强烈的影响。若想让它变成意识的，我们需要对它做特殊工作。这一经验给精神分析实践所带来的影响是，倘若我们仍坚持使用旧的表达方式，即把神经症归结为意识和无意识之间的冲突，我们的讨论将变得模糊而困难。根据对心灵生活的结构的理解，我们必须抛弃意识与无意识之间的对立，转而采用另一种对立：连贯的自我与其中分裂出来的被压抑的自我之间的对立。[2]

不过，这对我们理解无意识有更加深远的影响。动力学观点为我们带来了第一次更正，对结构的理解则带来了第二次更正。我们认识到，无意识并不与被压抑的内容重合；所有被压抑的内容都是无意识的，但无意识不一定是被压抑的——这一点仍然是对的。此外，自我的一部分——天知道这一部分在自我中有多重要——也可以是无意识的，并且无疑是无意识的。自我的无意识并不具备前意识意义上的潜伏性，否则它就不会在没有成为意识的情况下被激活，让它进入意识也不应该如此困难。如果我们因此不得不追加第三种无意识——未被压抑的无意识，那么我们就必须承认，无意识的特征就会变得苍白。它的性质变得模糊，让我们无法像希望的那样从中得出广泛或排他的结论。但我们必须谨防忽视这一点，毕竟意识的或无意识的特性，是深层心理学的黑夜中仅有的一盏灯。

II 自我与本我

在病理学研究中，我们的兴趣完全集中在被压抑的内容上面。自从我们知道自我也能够真正进入无意识状态，我们希望更多地了解自我。迄今为止，在我们进行调查时，我们唯一的依据是意识或无意识的标志，但现在我们发现，这些标志可能具有多重含义。

我们目前获得的知识总是受意识的限制，只能通过使无意识进入意识，才能了解无意识。但是，这又怎么可能呢？什么叫使之进入意识？这是怎么发生的呢？

我们已经知道该从何处着手。前面说过，意识是心灵装置的表面，也就是说，我们把它当作系统里的一种功能，且它在空间上最接近外部世界。顺便说一句，所谓在空间上，并不仅仅是功能意义上的，也是解剖学意义上的。[3]我们的研究也必须从这个能够被感知的表面出发。

从一开始，意识就是指所有的感知，包括来自外部的（感官知觉）和来自内部的（我们称之为感觉或感受）。那么，那些可以被粗略而不准确地统称为思维过程的内在过程呢？这些在装置中的某处发生的思维过程，作为心灵能量到行动的转移，能否接近引发意识的表面？抑或是意识去接近这些思维过程？我们注意到，当人们认真地从空间或地形的角度去思考心灵事件时，这是他们会遇到的难题之一。上述两种可能性都无法令人信服，因此必须考虑第三种情形。

我已在别处[4]指出，无意识的和前意识的念头（思想）之间的真正区别在于，前者是在某些未被认识的素材上形成的，而后者（前意识）则增加了与言语意象的关联。这是我第一次尝试为前意识和无意识这两个系统找出一个有别于它们与意识的关系的特征。我提出的问题是：某种念头是如何成为意识的，或更恰当地说，某种念头是如何成为前意识的？答案是：通过与相应的言语意象建立关联。

言语意象是记忆的残留物，它们曾经一度是感知，像所有记忆残留物一样，可以再次进入意识。在我们进一步考察它们的性质之前，一个新的认知已然明朗：能够进入意识的内容只是曾经被意识感知过的内容，任何来自内部的内容，除了感觉，若想要进入意识，都必须试图转化成外在感知。这可以借助记忆痕迹来实现。

我们认为，记忆残留物包含于直接与感知-意识系统相邻的系统中，因此，其贯注很容易从内向外延伸到这一系统的元素中。这很容易让人想到幻觉，并想到这一事实：即使是最生动的记忆，仍然与幻觉不同，就像与外在感知不同一样。同时我们也会想到：当记忆被恢复时，记忆系统中的贯注仍被保留下来；而如果贯注不仅从记忆痕迹中传递到感知元素中，还完全融入其中时，就会出现一种无法与感知区分的幻觉。

言语残留物主要来自声音感知，这为前意识系统提供了一个特殊的感官来源。言语意象的视觉成分是通过阅读获得的，是次要的，先不予以讨论；同样，填字游戏等也是如此，它们都是辅助性的，除了对聋哑人而言。言语的本质是被听到的言语的记忆残留物。

我们不能为了简化而忘记来自物体的视觉记忆残留物的重要性，也不能否认通过恢复视觉残留物来使思维过程进入意识是可能的，并且很多人也更倾向于这样做。根据J. 瓦伦东克（J. Varendonck）的观察，对梦和前意识幻想的研究可以让我们了解这种视觉思维的特殊性。我们发现，通常只有思想的具体素材能够被意识到，但是其中的关系——思想的独特之处——无法用视觉呈现出来。因此，思想的图像化只是不完整地进入意识。在某种程度上，它也比言语思维更接近无意识过程，而且在个体发生和系统发生上，它无疑要早于后者。

回到我们的讨论，如果这就是无意识内容变成前意识的方式，那么关于如何使被压抑的内容进入（前）意识的问题，就可以这样回答：我们可以通过分析工作，制造这种前意识的中间环节。这时，意识仍在它的原位，并且无意识并没有上升到意识层面。

尽管外在感知与自我的关系一目了然，但是内部感知与自我的关系需要专门的研究。这再次引发了这样的疑虑，即把所有的意识都归于感知–意识这一粗略的系统是否真的正确。

内在感知所产生的感觉来自最多样化的，也是最深层的心灵装置。我们对它们知之甚少，我们所知道的最好的一种模型仍然是愉悦–厌恶（Lust-Unlust）系列。它们比来自外部的感知更原始、更基本，而且在意识不清楚的状态下仍可产生。我已经在别处谈过它们的巨大经济意义及其元心理学的逻辑基础。内在感觉与外在感知一样存在于多个位置，可能同时来自不同地方，并因此具有不同的，甚至相反的性质。

具有愉快性质的感觉不具备任何紧迫性，而厌恶感觉则具备最高程度的紧迫性。后者促使改变和释放，因此，我们把厌恶诠释为增加能量贯注，把愉悦诠释为降低能量贯注。如果我们把被当成愉悦和厌恶而意识到的内容称作心灵过程中的量–质的他者[1]，就会造成一个问题，即他者是否可以立即进入意识，还是必须通过感知系统。

临床经验更倾向于支持后者。这表明，他者的行为类似于被压抑的冲动。它包含本能驱力，并且这种强迫性没有被自我觉察。

[1] 量–质的他者，德语原文为quantitativ-qualitativ Anderes。“他者”指一种与已知事物不同的存在，目的在于突显这些内容在心灵过程中的特殊性。——译者注

只有当强迫被抵抗、释放反应被停止时，他者才可以作为厌恶进入意识。正如未被满足的需要可以创造一种无意识的紧张状态一样，痛苦也可以保持无意识的状态，即介于外在和内在感知之间，虽然它来自外部世界，却表现得像一种内在感知。这一点也仍是事实：感觉和感受只有通过与感知系统的联系才能进入意识；如果传导受阻，我们就不会有感知，尽管兴奋过程中的其他条件是一样的。更加简略的、不十分正确的说法是无意识的感觉，并把它比作无意识的念头，但这其实并不恰当。二者的区别在于，无意识的念头必须首先建立一种联系，以进入意识，但无意识的感觉不同，它是直接传输的。也就是说，对感觉而言，意识和前意识之间的区别是没有意义的，前意识被排除在外，即感觉只能是意识的或无意识的。即使感觉借助于言语概念，但感觉进入意识并不依赖这些言语概念，而是直接进入意识。

现在，言语意象的作用已经一目了然。通过言语意象的居中转介，内在思维过程得以被转化为感知。也就是说，这句话应当被证明：所有的知识都源自外在感知。由于对思考的过度贯注，思维——就像源自外部的似的——真的被感知到了，并因此被认为是真的。

在阐明外在和内在感知与感知-意识表面系统之间的关系后，我们可以开始拓展自我的概念。我们发现，自我以感知系统为核心，首先容纳了前意识，前意识与记忆的残留物相邻。就像我们所经历的，自我也是无意识的。

现在我要说，如果我们听从某一位学者——他出于个人动机，称自己与严格、高深的科学无关——的建议，将受益匪浅。这位学者便是G. 格罗代克（G. Groddeck）。他反复强调，被我们称为自我的事物在生活中的表现基本上是被动的。用他的话说，我们被未知的、无法控制的力量“加以生命”。[5]我们都有这样的印象，尽管这种印象没有强烈到让我们忽略其他的印象，我们也不放弃把格罗代克的观点编入科学结构的希望。我建议将这一点纳入考虑：把从感知系统中产生的、起初是前意识的存在称为自我，而把它的延伸、表现得像无意识的另一种精神，按照格罗代克的用法，称为本我。[6]

我们很快就会看到，这一概念是否会为我们的描述和理解带来便利。对我们来说，个体是一个未被认识的、无意识的精神的本我。显然，自我位于本我之上，以感知系统为核心发展起来。如果用图形来表示，我们可以这样描述，自我并不完全包裹本我，而只是将本我与感知系统隔开，也就是说，如同胚盘与蛋的关系一样。自我与本我不是截然分开的，自我向下流动，与本我相汇合。

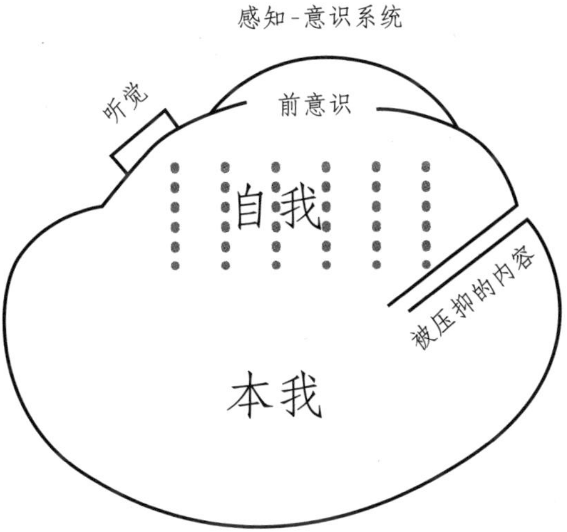

被压抑的内容也与本我一起流动，是本我的一部分。被压抑的内容只是在压抑的阻抗下与自我分离，它们仍可以通过本我与自我沟通。我们马上意识到，根据病理学症状所描述的几乎所有专门化知识都只与——我们唯一知道的——心灵装置的表面层有关。我们可以勾勒出这些条件的大致轮廓，不过，这只能用来说明问题，而不应加以任何特殊诠释。补充一点，自我戴着一顶“听觉帽”，而根据大脑解剖学证据，这顶帽子被戴在一侧。换句话说，这顶帽子是歪着戴的。

很容易看出，自我是本我的一部分，即在感知-意识系统的居中转介下被外部世界的直接影响所改变的这一部分，可以说是表面差异的一种延续。此外，自我还努力使外部世界对本我及其发挥作用的企图产生影响，努力用现实原则代替愉悦原则——后者不受约束地统治着本我。感知之于自我，就好比本能驱力之于本我。自我代表着理性和审慎，与包含激情的本我不同。这一切听起来同众所周知的自我与本我的区别相吻合，不过，这仅在一般情况或理想情况下是正确的。

自我的重要功能表现在它通常被授予能动性。因此，自我与本我的关系就像骑手要约束比自己力量更有优势的马匹，不同的是，骑手用的是自己的力量，自我则是用借来的力量。这类比还有更深的含意。通常，如果骑手不想和马分开，就只能顺着马的愿望，去马想去的地方；类似地，自我也倾向于把本我的愿望转化为行动，就好像那是自我的愿望似的。

除了感知系统，另一种情形似乎也对自我的出现及其与本我的分离产生了影响。人的身体，特别是身体的表面，可以同时产生外在及内在感知。它可以像其他客体一样被看见，但是在被触摸时会带来两种感觉，其中一种相当于内在感知。心理生理学已经充分讨论过，在感知的世界里，我们的身体为何是一种特殊的存在。疼痛也在其中发挥了作用，人们因为痛苦的疾病而获得关于人体器官的新知识，这或许是人们究竟如何认知自己的身体的一种模式。

自我首先是一种身体的自我，它不仅是表面性质的，而且本身就是表面的投射。如果要找一个解剖学上的类比，与自我最相似的就是解剖学家所说的“脑人”（Gehirnmännchen），它倒立于大脑皮层之中，脚跟朝上伸展，眼朝后看——众所周知，它的左侧承载了语言区。

自我与意识的关系已被反复确认，不过，我要申明一些重要的事实。我们习惯于随时随地使用一套社会或伦理评价观点，因此，在听说低级的激情在无意识中进行时，我们并不感到惊讶，而是希望那些能得到较高评价的心灵功能更容易找到安全途径进入意识。然而，从精神分析的经验来看，实际情况令人失望。已有证据表明，即使是那些通常需要苦思冥想才能完成的精细而困难的智力工作，也可以在未进入意识的情况下通过前意识而完成。这些情况是毋庸置疑的，例如在睡眠状态中它们就会发生，表现为一个人醒来后立即解开了他前一天试图解决的数学难题或找到了其他问题的答案。

另一种经历则更为少见。在精神分析中，我们发现有些人的自我批评和良心（被高度评价的心灵功能）是无意识的，其最重要的影响表现也是无意识的，因此，在分析中出现的无意识阻抗，并不是一种独一无二的情况。但是，尽管我们有了更好的批判性洞察力，这种新的经验却让我们必须讨论无意识的负罪感，同时，我们越来越怀疑这种无意识的负罪感在大量神经症中起了决定性作用，并在治疗过程中形成了最大的障碍，这让我们更加困惑，也给我们带来了新的谜题。如果我们想回归价值尺度，就必须承认：不仅是自我最深层的部分，还有它最高层的部分，都可能是无意识的。就好像要以这种方式证明我们之前的说法——意识的自我首先是身体的自我。

Ⅲ　自我与超我（自我理想）

如果自我只是受感知系统影响而改变的一部分本我，是真实的外部世界在心灵中的代表，那么我们要应付的是一种简单的情形。但事情不止如此。

我们假设自我之中存在分化，可以分出所谓自我理想或超我（Überich）的部分——这样做的动机已经在别处讨论过。[7]这些内容依然是正确的。[8]而自我的这一部分与意识的关系不太稳固，是亟待解释的新事物。

我们必须就此进行更多论述。我们已经成功地解释了忧郁症的痛苦：通过假设一个失去的客体在自我中重新建立，也就是说，客体贯注被认同（Identifizierung）取代。[9]不过，当时我们尚未完全认清这个过程的重要性，不知道它发生的频率如何或者典型与否。从那时起，我们就明白这种替代在自我的形成中起了很大作用，并且对建立所谓性格大有帮助。

最初，在个体的原始口欲期，客体贯注和认同可以说是无法区分的。后来——我们只能这样假设——客体贯注产生于把色情追求当成需要的本我之中。起初还很虚弱的自我，开始意识到客体贯注，接受它们或试图通过压抑过程来抵御它们。[10]

如果应当放弃或不得不放弃这样的性客体，自我往往会发生改变，这必须被描述为自我中客体的建立，就像对忧郁症的解释一样，我们尚不清楚这种替代的细节。也许自我通过向内投射——一种向着口欲期机制的退行——促进或促成了客体放弃。或许这种认同实际上就是本我放弃客体的条件。无论如何，这种过程非常普遍，特别是在发展的早期阶段。这就引出了一种观点，即自我的性格是被放弃的客体贯注的沉淀，包含了客体选择的历史。当然，有必要从一开始就承认会有一定规模的阻抗，一个人的性格会在不同程度上排斥或接受这些来自色情客体选择史的影响。人们猜想，对于有过很多恋爱经历的女性来说，她们的客体贯注的残留物很容易在她们的性格特质中表现出来，同时，我们也要考虑客体贯注和认同可能会同时发生，也就是说，性格变化可能在客体被放弃之前就在酝酿了。在这种情况下，性格变化可能比客体关系存续更久，并且在某种意义上保存后者。

另一种观点认为，将色情客体选择转化为自我变化，是自我掌握本我并加深与本我关系的一种方式，尽管是以自我对本我经验的高度顺从为代价。当自我具有客体的特征时，它把自己作为爱的客体强加于本我，试图通过说“看，你也可以爱我，我很像客体”来补偿本我。

这里发生的是从客体力比多向自恋力比多的转变，显然需要放弃性欲的目标，或称去性化（Desexualisierung），即一种升华。没错，值得进一步考虑的问题是，这是不是通向升华的一般途径，还是说有的升华不需要通过自我的中介（自我首先将性客体力比多转化为自恋力比多，然后将它引向不同的目标）就能发生。[11]至于这种转变能否决定其他本能驱力的命运，例如导致融合在一起的各种本能驱力的分离，我们稍后再谈。

尽管与我们的目标有所偏离，但我们仍无法避免将注意力短暂地放在自我的客体认同上。如果客体认同占了上风，数量过多，强度过大，又互不相容，就很可能会导致病理结果。自我可能会分裂，因为个体认同通过阻抗而彼此隔绝，而所谓的“多重人格”病例的秘密，或许就在于不同的个体认同交替占据意识。即使没有那么严重，自我分裂出的不同认同之间依然存在冲突，只不过没有达到可以称作病态的程度。

虽然后来性格会对遗弃客体贯注所带来的影响产生阻抗，但是人们在生命早期所做的第一次认同，其影响是普遍而持久的，这就要说回自我理想的起源——自我理想的背后是个体的第一次也是最重要的认同，即对个人原始祖先的认同。[12]该认同似乎不是某次客体贯注的成功或结果，而是直接的、即时的，并且发生得比所有客体贯注更早。但是，在最初的性发展阶段，与父亲和母亲有关的客体选择，似乎会通过正常的过程转变为认同，从而加强原始认同。

然而，这些关系十分复杂，有必要在此进行更详细的阐述。造成复杂的原因有两个：一是俄狄浦斯关系的三角结构，二是个体天生的双性恋（Bisexualität）。

对男孩而言，简化后的情况如下：他很早就对母亲发展出了客体贯注，始自母亲的乳房，并展示了基于依附类型的客体选择的典型例子，男孩通过认同作用把父亲占为己有。这两种关系共存了一段时间，直到男孩对母亲的性的欲望增强，并把父亲当作这些欲望的障碍，这时俄狄浦斯情结就产生了。[13]他开始想要摆脱父亲，自己代替父亲在母亲身边的位置。从此，男孩与父亲的关系变得矛盾重重，似乎从一开始就潜伏在认同之中的矛盾心理也变得明显。男孩对父亲的矛盾态度和他把母亲视作温情的客体追求，就是简单的正向俄狄浦斯情结的内容。

在打破俄狄浦斯情结时，男孩必须放弃对母亲的客体贯注。取而代之的有两种可能：一是对母亲的认同，二是加强对父亲的认同。我们习惯于将后者视为比较正常的结果，它能够在一定程度上保留对母亲的温情。随着俄狄浦斯情结的消失，男孩性格中的男性气质会得到加强。对女孩而言，情形十分相似：女孩的俄狄浦斯关系会引发她对母亲的认同增强（或产生认同），从而决定了女孩的女性性格。

这些认同并不符合我们的预期，因为它们不会将被遗弃的客体引入自我，但这种结果也会发生，并且比起男孩，更容易在女孩身上观察到。我们常常从分析中发现，女孩在不把父亲当作爱的客体之后，就会展现出男性气质，并认同于她的父亲。也就是说，认同于被遗弃的客体，而不是认同于她的母亲。这显然取决于她的男性气质是否足够强势——无论它们是什么。

也就是说，俄狄浦斯情结中对父亲认同或母亲认同的结果似乎取决于两性的性别倾向的相对强度。这是双性恋干扰俄狄浦斯情结命运的一种方式。另一种方式更为重要。我们有这样一种印象，简单的俄狄浦斯情结并不是最常见的，而是经过了简化或模式化，虽然这种简化或模式化通常在实践中是合理的。更进一步的调查通常会揭示出更完整的俄狄浦斯情结，它是双重的，一个是正向的，一个是负向的，取决于儿童最初的双性恋倾向。也就是说，男孩不仅对父亲持有矛盾态度，对母亲持有温情的客体选择，他也会表现得像女孩一样，对父亲表现出温情的女性态度，对母亲表现出嫉妒和敌对态度。双性恋的介入使得原始客体选择与认同之间的关系变得晦涩，很难用一种可理解的方式来描述。与父母的关系出现的矛盾心理，可能只与双性恋有关，而不是像我刚才解释的那样是从认同中的竞争态度发展而来。

我认为，我们应当假设存在完整的俄狄浦斯情结，特别是在神经症中。分析的经验表明，在许多情况下，俄狄浦斯情结的某一部分会消失得了无痕迹，并因此产生一系列结果，一个极端是正常的、正向的，另一个极端则是与前者相反的、负向的，中间则是两端之间的过渡，由两种成分混合而成。随着俄狄浦斯情结的消亡，它所包含的四种追求将结合起来，从而产生对父亲和母亲的认同：对父亲的认同保留了母亲客体的正向情结，同时取代负向情结的父亲客体；对母亲的认同也符合同样的规律。两种性倾向的差异，就表现为两种认同的强度差异。

因此，我们可以假设，由俄狄浦斯情结支配的性发展阶段最普遍的结果在自我中得到了表达，产生了这两种以某种方式相互兼容的认同。自我的这种变化具有特殊地位，它以自我理想或超我的形式，区别于自我中的其他内容。

然而，超我不仅仅是本我最初的客体选择的残留物，它还有一重意义，即抵抗这些客体选择的强力的反向形成。它与自我的关系不仅包括“你应该像你的父亲一样”的告诫，还包括“你必须不像你的父亲一样”的禁令，也就是说，你不可以做父亲所做的一切，有些事情是父亲所独享的。自我理想的这种两面性，源于自我理想试图压抑俄狄浦斯情结，没错，是这种转变促成了自我理想的诞生。压抑俄狄浦斯情结显然不是一件容易的事。由于父母，尤其是父亲，被认为是实现俄狄浦斯愿望的障碍，因此婴儿期的自我就会在自身内部设置同样的障碍，使自身变得更强，以实现这种压抑。在某种程度上，这是从父亲那里借来的力量，而这种借力具有极为重大的意义。超我保留了父亲的性格，俄狄浦斯情结越强，它（在权威、宗教、教育、阅读的影响下）被压抑得就越快，而更强的超我将作为良心（Gewissen）——或许是作为一种无意识的负罪感——统治着自我。超我是从哪里汲取了这种统治力量？这种力量表现为一种绝对命令的强制性，稍后我将给出假设。

如果我们再次审视前文描述的超我起源，我们会认识到它是两个极为重要的生物学因素的产物：一是人类漫长童年的无助和依赖；二是俄狄浦斯情结的事实，我们将俄狄浦斯情结归因于力比多的发展被潜伏期所打断，并进一步归因于人类性生活的两阶段起源（zweizeitigen Ansatz）。后者似乎是人类独有的特质，精神分析已有一种假设，认为后者继承自冰河时代起的文化发展。因此，超我与自我的分离并不是偶然的，它代表了个体和物种发展的最重要特征；实际上，它让父母的影响得以持续地表达，延续了其所诞生的那一时刻。

精神分析被无数次指责为不关心人们高尚道德和超越个人的一面，但这种指责在历史上或方法上都不公正。第一，我们从一开始就把压抑功能归因于自我的道德和审美倾向；第二，人们不愿承认，精神分析研究不像那些拥有完整且现成的哲学体系的学科，而是通过对正常或异常现象的分析，逐渐为理解心灵复杂性铺平了道路。只要我们专注于研究心灵生活中被压抑的内容，我们不需要为是否高尚而战战兢兢。我们既然敢于分析自我，那么完全可以回答所有那些由于道德意识而动摇，以及因为没有讨论高尚而抱怨的人：我们当然讨论了高尚，那就是自我理想或超我，它代表着我们与父母的关系。年幼的我们认识、钦佩和害怕这些更高的存在，后来的我们则把它们归为己有。

因此，自我理想是俄狄浦斯情结的继承者，是本我的最强大的冲动和最重要的力比多命运的表达。自我确立之后，掌控了俄狄浦斯情结，同时服从于本我。自我本质上是外部世界和现实的代表，与自我相对的超我则是内部世界（本我）的代理人。自我与自我理想之间的冲突，归根结底反映了现实与精神、外部世界与内部世界的对比。

生物学和人类物种的命运所创造的内容被遗留在本我之中，然后通过自我理想的形成，这些内容被自我接管，使得个体可以重复这些体验。自我理想的形成过程使它与个体的种系发生所获得的内容及古老的遗传紧密相连。在个体的心灵生活中属于最低层次的内容，通过自我理想的形成，变成了我们的评价标准中人类精神最高层次的内容。但是，若想以类似自我的方式来给自我理想定位，或者将它放入我们用来描述自我与本我关系的任何明喻之中，都是徒劳的。

很容易说明自我理想满足了人们关于更高层次的存在的所有要求。自我理想作为对父亲的向往的替代产物，包含了所有宗教的萌芽。自我把自己与自我理想相比较，断定自己是不足的，于是产生了虔诚信徒的谦卑的宗教感情。随着发展的进行，教师和权威一直扮演着父亲的角色；诫命和禁令对自我理想的影响依然强大，只是现在作为良心行使道德审查的职责。良心的要求和自我的能力之间的张力被体验为负罪感。基于相同的自我理想而产生的对他人的认同，是社会情感的基础。

宗教、道德和社会情感——这些人类较高层次的主要内容[14]——原本是一体的。根据《图腾与禁忌》中的假说，它们通过种系发生而在父亲情结中获得。宗教和道德限制通过克服俄狄浦斯情结而获得，社会情感则通过克服年青一代之间多余的竞争得到。在所有道德财富上，男性似乎占了上风，而交叉继承也让女性获益。如今，社会情感仍然存在于个体身上，作为一种上层建筑，超过了与兄弟姐妹由嫉妒而起的竞争情绪。既然敌意无法得到满足，和最初的竞争对手也就建立了认同。对轻度同性恋者的观察支持了这样的假设：这种认同也可以替代温情的客体选择，取代攻击—敌对态度。[15]

然而，由于提到种系发生，就引出了一些让我们胆怯和想要回避的新问题。回避是没有用的，我们必须敢于尝试，哪怕这会暴露我们所有努力的不足。这些问题包括：是何者从当时的父亲情结中获得了宗教和道德——是原始人的自我还是本我？如果是自我，为什么我们不直接说是自我的继承？如果是本我，这与本我的性格是如何保持一致的？还是说，我们不应该把自我、超我和本我的分化归结于这么早的时候？还是我们不应该诚实地承认整个自我过程的概念对理解种系发生没有任何作用，而且根本不适用于它？

让我们先回答其中最容易的问题。我们必须认识到，自我与本我的区别不仅存在于原始人身上，也存在于更简单的生物之中，因为这种区别是受外部世界影响的必然表现。正是那些导致图腾主义产生的经历，引导了超我的产生。关于这些经历和收获是否属于自我或本我的问题，立马就不成立了。再想一下就会发现，本我无法体验或经历任何外在命运，除非通过自我，自我就代表了本我的外部世界。不过，我们不能说自我中存在直接继承。在真实个体与物种概念之间存在着鸿沟。此外，不要太过拘泥于自我和本我之间的区别，不要忘记自我是本我的一个特殊部分。自我的经验起初似乎不会被遗传，但如果这些经验在连续几代个体中被频繁而强烈地重复，它们就会转化为本我的经验，其印象会通过遗传被保留下来。

因此，遗传下来的本我之中蕴藏着无数自我之存在的残留物。如果自我从本我中提取出超我，也许它只是让旧的自我形态重见天日，让它们复活。

我们从超我出现的历史中发现，早期自我与本我的客体贯注之间的冲突可能会延续下来，成为自我与后者的继承者——超我——之间的冲突。如果自我未能很好地克服俄狄浦斯情结，来自本我的能量贯注将参与自我理想的反向形成。这种自我理想与本能冲动的广泛联系，将揭开自我理想为何在很大程度上保持无意识状态及其无法被自我接近的谜题。曾经深层爆发的斗争，并没有通过快速的升华和认同而结束，转而在更高的层次继续进行，就像考尔巴赫（Kaulbach）的画作《匈奴之战》中所描绘的一样。

Ⅳ 本能驱力的两种类型

我们已经说过，如果将心灵存在区分为本我、自我和超我意味着我们洞察力的进步，那么就必须证明这种区分为什么意味着更深刻的理解，以及能够更好地描述精神生活的动力学关系。我们也已经清楚地表明，自我受到感知的特殊影响，笼统地说，感知对于自我的意义与本能驱力对于本我的意义是一样的。但是，自我和本我一样，也受到本能驱力的影响，自我只是本我的一个受到特别修饰的部分。

我最近（见《超越愉悦原则》）提出了一种关于本能驱力的观

点，我将在此重述，以作为进一步讨论的基础。我们应该区分两种本能驱力，其中一种是性本能或情欲，目前它是两种本能驱力中更明显且更容易研究的一种。性本能不仅包括实际的、不受约束的性本能以及由此产生的目标受抑制的本能冲动和升华的本能冲动，还包括自我保护本能驱力，后者应当被归因于自我，并且在分析工作之初，我们有充分的理由拿它与性客体本能进行对比。第二种本能驱力则较难辨别，我们最后决定把施虐狂当成第二种本能驱力的代表。我们以生物学支持的理论为基础，假设存在一种死之本能，其目的是使有机生命回到无生命状态，而情欲的目的则是通过将被打碎成颗粒的生命物质聚集成复杂生命，还要让这一过程延续下去。两种本能驱力在最严格的意义上都是保守的，致力于恢复被生命起源所扰乱的状态。因此，生命起源将是继续生存的起因，同时也是寻求死亡的原因，生命本身就是这两种追求之间的斗争和妥协。生命起源的问题始终是一个宇宙哲学领域的问题，生命的目的和意图的问题应以二元论来回答。

两种本能驱力都与一个特殊的生理过程（合成与分解）有关；两种本能驱力都活跃在每一个生命物质中，但是它们在不同的生命物质中比例不相同，因此一定会存在一种以情欲为主的生命物质。

两种本能驱力以何种方式相互结合、混合和铸合，依然不容易想象，但就我们的理论而言，必须假设这些事件规律地、大规模地发生着。由于单细胞有机物结合成多细胞生命体，单细胞的死之本能可能被中和，并通过特殊器官的介导，将破坏冲动转向外部世界。这个特殊器官就是肌肉组织，而死之本能——可能只是部分地——以针对外部世界和其他生物的破坏本能（Destruktionstrieb）的形式表达出来。

我们既然接受了两种本能驱力可以互相融合的想法，就很容易想到，这两种本能驱力也可以或多或少地分离。性本能含有施虐成分，这是本能驱力相互混合的经典例子，但在作为一种变态行为的施虐狂中，施虐成分又被分离出来，虽然分离得不是那么彻底。我们发现还有大量尚未从这个角度考量的事实。我们发现破坏本能经常为了释放而服务于情欲，我们怀疑癫痫发作是本能驱力分离的结果和标志，也逐渐理解了在一些严重神经症（例如强迫性神经症）之中，本能驱力的互相混合和死之本能的出现应该被特别注意。笼统地说，我们可以假设力比多退行（例如从生殖期退行到肛门施虐期）的实质是本能驱力分离，相反，从早期发展到确定的生殖期则需要结合色情成分。还有一个问题，有没有可能不把在神经症体质倾向中被强化的常规的矛盾双重性（Ambivalenz）视为分离的结果。只是它原始到只能被视作不完全的本能驱力混合。

接着又产生了一个令我们感兴趣的问题：一边是关于自我、超我和本我的假设，另一边是两种类型的本能驱力，其中是否存在意义深远的关系。另外，我们是否可以把支配心灵过程的愉悦原则当作一个定点，来处理两种本能驱力和心理分区？然而，在开始讨论之前，我们必须先回答一个关于问题本身的疑问。愉悦原则是不容置疑的，自我的分区也建立在临床证据上，但两种本能驱力之间的区分似乎不够可靠，临床分析的事实可能会使这一主张无效。

这样的事实似乎真的存在。两种本能驱力的对立可以被比作爱恨两极。用爱来代表情欲并不难理解，反过来我们也很满意，可以用破坏本能（恨为它指明道路）来代表死之本能。现在，临床观察告诉我们，恨不仅意外地经常与爱一起出现（矛盾双重性），也不仅在人际关系中是爱的前兆，而且会在各种各样的情况下变成爱，爱也会变成恨。如果这种转变不仅有时间上的先后顺序，而且彼此接替，那么显然有违以相反的生理过程为前提的性本能和死之本能的基本区别。

对某一个人先爱后恨，或者先恨后爱，如果是机缘巧合导致的，显然不属于我们要讨论的问题。类似地，我们也不会讨论未直接显示出来的，而是先表现为敌意和攻击倾向的爱恋，因为破坏本能可能会先出现在客体贯注中，直到性本能加入它们。然而，我们所知道的一些神经症心理学案例，或许能够证明转换的存在。偏执狂患者会以某种方式抵御对特定他人的强烈同性恋依恋，结果，这个最亲密的他人被患者视为迫害者，患者经常向他投以危险性的攻击。我们可以断定，在前一个阶段中，爱已经变成了恨。随着同性恋的发展，以及去性化的社会情感的出现，精神分析的调查直到最近才发现激烈的竞争感受的存在，这导致了攻击倾向，只有在它们被克服之后，此前被憎恨的客体才能成为被爱的人或认同的对象。这里又出现了一个问题：在这些情况下，是否可以假设恨直接转化成了爱？在这里，我们只讨论单纯的内在变化，而不讨论客体行为改变的影响。

然而，对偏执狂的转变过程的分析研究让我们了解到可能存在的另一种机制。矛盾的态度从一开始就存在，变化来自一种反向的贯注转移，在这种转变中，能量被从色情的冲动中抽出，添加到了敌对的能量中。

克服导致同性恋的敌对竞争的情况虽然不一样，但很相似。敌对态度没有获得满足的可能性，因此——出于经济动机——它被爱的态度取代，爱的态度有更大的可能性得到满足（释放）。在这些情况下，我们不必假设恨直接转化成了爱，因为这与两种本能驱力的性质差异相悖。

不过我们也注意到，在声称存在爱转化为恨的其他机制时，我们默认了另一个假设，我们应该对它进行阐述。这种转化就假设心灵生活——不确定是自我还是本我——中存在一种可转换的能量，它本身是中性的，可以加入比例不同的性本能或破坏冲动，并增加其总贯注。如果缺少这一关于能量转移的假设，我们的讨论根本站不住脚。但问题是，这股能量从哪里来，它属于谁，又意味着什么？

本能冲动的性质及其如何在各种本能命运中保存下来仍然是一个问题，目前几乎没有得到解决。在很容易观察的一部分本能驱力，即性本能中，人们可以观察到属于同一框架的多个过程。例如，部分本能驱力在某种程度上相互交流，可以说，来自特定的性敏感来源的本能驱力能够放弃并将其强度叠加到源自另一个来源的部分本能驱力上，用一种本能驱力的满足代替另一种本能驱力的满足，等等，这给了我们做出某种假设的信心。

在眼下的讨论中，我也只能提出一个未被证明的假设。这种在自我和本我中活跃的、可转换的中性能量似乎是合理的，它源自自恋力比多，是去性化的情欲。在我们看来，色情的本能驱力似乎比破坏本能更具有可塑性，更易于转移和改变。然后，我们自然地继续假设，这种容易转移的力比多遵循愉悦原则，以避免堵塞并促进释放。因此可以明确的是，只要释放得以发生，我们并不关心它具体通过何种途径发生。我们知道这是本我的贯注过程的特征。色情的贯注也有这种特征，它对客体有一种异常的无所谓，特别是在精神分析的移情中，无论对象是谁，移情都一定会发生。最近，兰克给出了一些精彩的例子，说明神经质的报复行动如何被指向错误的对象。这种无意识的行为让我们联想起一件有趣的逸事：村子里的三个裁缝之一将被绞死，因为村里唯一的铁匠犯下了该判死刑的罪行。总之，这罪行必须加以惩罚，哪怕惩罚的不是有罪的人。我们最初注意到同样的宽泛标准，是在梦的工作的初级过程之中。就和这里的客体选择一样，在梦的工作之中，释放行动的方式也是其次才要考虑的。对于自我来说，采取更精确的客体选择与采取更精确的释放方式是类似的。

如果这种可转移的能量是去性化的力比多，那么它也可以被称为升华，因为它仍具有情欲的主要目的，即联合与联结，以帮助建立或通过追求来实现自我一致性。如果把广义的思维过程也纳入这种转移，那么思维工作也是通过色情的本能驱力的升华来完成的。

这就又回到了之前提到过的一种可能性，升华可能会通过自我的居中转介而规律地发生。请试着回想一种情况，自我通过将本我的力比多吸收到自我中，并将它们与认同带来的自我变化联系起来，解决了本我最早及后来的客体贯注。自我力比多中发生的这种转变当然与性客体的放弃（一种去性化）有关。无论如何，我们因此理解了自我与情欲的关系中的一大重要成就。自我通过这种方式占有客体贯注的力比多，使自己成为唯一的爱的客体，使本我的力比多去性化或升华，这样自我就违背了情欲的意图，而去为相反的本能冲动服务。它必须忍受本我的另一部分客体贯注，或者说，与之和谐相处。我们稍后会讨论自我的这些举动的另一种可能结果。

现在，我们有必要对自恋学说进行重要阐述。一开始，所有的力比多都在本我中积累，而自我尚未发展，依然很虚弱。本我将力比多的一部分输送到色情的客体贯注中，同时强化的自我试图夺取这种客体力比多，把自己作为爱的客体强加于本我。自我的自恋是次级的，是从客体中收回的。

我们一次又一次地体验到，能够追踪的本能冲动其实都是情欲的后代。如果没有《超越愉悦原则》中的讨论和性本能的施虐狂特性，我们很难坚持二元论的基本观点。但既然我们已经选择了二元论观点，就必须明白，死之本能本质上是无声的，而生命的噪声主要来自情欲[16]，以及与情欲的斗争！我们无法否认，力比多将扰乱引入生活之中，而愉悦原则是本我对抗力比多的指南针。如果费希纳所说的恒存原则支配着生命，生命必须滑向死亡，那么情欲，即性本能，就需要制止这种下滑并引入新的紧张（Spannungen）。在愉悦原则（即对不愉悦的感知）的指导下，本我采用各种方法抵御它们。首先，本我尽可能快地服从没有去性化的力比多的要求，努力满足直接的性追求。其次，更进一步的方法是，它在某一次能达到所有部分要求的满足的过程中直接摆脱性物质（即性紧张的饱和载体）。性行为中排出性物质，在某种程度上对应于肉体（Soma）与种质的分离。因此，完全的性满足后的状态与死亡相似；在低等动物中，死亡与生殖行为同时发生。这些动物因繁殖而死亡，因为在通过满足而消除情欲之后，死之本能就可以乘虚而入来执行其意图。最后，就像我们讨论过的那样，自我为了自身及其目的而升华部分力比多，辅助本我来应对这一切。

V　自我的附属关系

由于素材过于复杂，所以每一章的内容都未能完全切题，而且，每当我们想要研究新的关系时，就难免重复已经讨论过的内容。

回到我们已经反复说过的内容上：自我的很大一部分是通过认同形成的，认同取代了被本我放弃的贯注；最初的认同往往表现为自我中的特例，呈现为超我的形式，并与自我分离，对抗相持；随着自我成长得更为强大，自我对认同的抵御能力也会增强。超我之所以在自我中（或相对于自我）具有特殊地位，须从两方面来看：一方面，超我是自我还很弱小时的最初的认同；另一方面，超我是俄狄浦斯情结的继承者，也就是说，它把最宏大的客体引入了自我。超我与成熟自我之间的关系，大致类似于童年早期性发展阶段与性成熟后的性生活的关系。虽然超我始终暴露于后来的一切影响之下，但它在一生中都保持着从俄狄浦斯情结中继承的特征——与自我对抗并掌控自我的能力。它是早期自我的软弱和不自立的纪念碑，并且继续支配着业已成熟的自我。就像孩子被强制要听父母的话一样，自我服从于超我的绝对命令。

超我源自本我的第一次客体贯注，即俄狄浦斯情结，这对超我而言还有另一层意义。我们已经解释过，这使得超我与本我的种系发生起源相联系，并使超我成为早期自我的转生，后者在本我中留下了印记。因此，超我始终邻近本我，并可以将本我呈现给自我。它深深地潜入本我之中，比自我离意识更远。[17]

理解这些关系的最佳方法是研究临床事实，这些事实并非新出现的，只不过尚未经过理论分析。

有些人在精神分析工作中表现得很奇怪。如果你给他们希望并表现得对治疗状况颇感满意，他们就会显得不满，病情也会加重。起初，我们以为他们这样做是为了挑战医生，向医生证明自己更占上风，但是稍后我们对这件事有了更深刻、更公正的理解。我们相信，这些人不但容不下赞美和认可，而且对治疗进展的反应也是错误的。任何一种局部的解决方案，本应改善或暂时消除症状——在其他人身上确实有效——却加剧了他们的痛苦，治疗让他们的病情恶化而非改善。这就是所谓的消极治疗反应（negative therapeutische Reaktion）。

毫无疑问，是他们内在的某些东西阻碍了他们的康复，他们恐惧康复，仿佛一旦康复就会有危险。可以说，对他们而言，生病的需要超过了康复的意愿。如果以普通方法分析这种阻抗，去纠正他们对医生的挑衅态度和对从疾病中获益的执着，并无法消除大部分阻抗，而且这被证明是康复的最大障碍，比已知的那些自恋的不可接近性、对医生的消极态度和坚持从疾病中获益更加严重。

最终我们意识到，这背后是一种“道德”因素，或者说一种负罪感，其满足于生病状态，不愿意放弃痛苦的惩罚。也许我们会坚持这个稍令人感到安慰的解释。但是，这种负罪感是病人所不知道的，病人不知道自己有罪，也不觉得有负罪感，他只是病了。这种负罪感只表现为难以克服地对康复的阻抗。想要让病人相信他的疾病背后的动机也特别困难，病人会坚持更表面化的解释，即分析治疗不是帮助他的正确手段。[18]

这里所描述的是最极端的情况，但我们在很多——也许是所有的——严重神经症病例中都可以发现程度较轻的情况。是的，有很多。也许正是这个因素，即自我理想的行为，决定了神经症的严重程度。因此，我们无法避免进一步论述负罪感在不同情境中的表达。

若要解释正常的、有意识的负罪感（良心），没有任何困难：它建立在自我与自我理想之间的紧张的基础上，是自我的批判机构认为自我有罪的表现。神经症广为人知的自卑感，离此亦不远。在我们熟悉的两种疾病中，负罪感都明显地处于意识层面；自我理想展现出一种特别的严厉，经常苛刻地对自我发怒。这就是强迫型神经症（Zwangsneurose）和忧郁症的共同点。此外，在这两种疾病中，自我理想会表现出不同的行为，这些差别也很重要。

在强迫型神经症（某些形式）中，负罪感虽然过分强烈，却无法向自我证明其正当性。因此，病人的自我会拒绝承认有负罪感，并要求医生支持他的这种做法。如果医生屈服于病人的要求，一定是愚蠢的，因为这不会起效。分析表明，超我会受到一些自我所不知道的过程的影响。导致负罪感出现的被压抑的冲动是完全可以被找到的。超我比自我更了解无意识的本我。

我们可能有一种更强烈的印象：在忧郁症中，超我掌控着意识，但是自我不敢反对，只能认罪并接受惩罚。之所以存在这种差异，是因为强迫型神经症与位于自我之外的攻击冲动有关，而在忧郁症中，超我的愤怒所指向的客体已经经过认同被吸收到了自我中。

负罪感在这两种神经症疾病中达到如此极端的程度，当然不是不证自明的，不过其中的主要问题不是我们现在要讨论的。在此之前，我们要先处理另外一些负罪感处于无意识状态的情形。

癔症和癔症样状态就属于这样的情形。我们可以轻易猜到负罪感保持无意识状态的机制。一般情况下，当自我面对无法承受的客体贯注时，自我会通过压抑来抵抗它；同样地，当癔症患者的自我在面对超我的批评及因此产生的痛苦感知时，它也会采取压抑的方法。负罪感是否处于无意识状态也取决于自我。我们知道，在其他情况下，自我为超我服务并代表超我进行压抑，但在这个例子中，它用这一武器来对付它严厉的主人。众所周知，在强迫型神经症中，反向形成占据主导地位，自我成功避开了与负罪感有关的材料。

我们可以进一步假设，大部分负罪感通常是无意识的，因为良心的起源与属于无意识层面的俄狄浦斯情结密切相关。如果有人想要论证“一般人比他们所以为的更不道德，同时也比他们所知道的更讲道德”这样一个自相矛盾的命题，从精神分析的立场上看，该命题的前半部分正是建立在精神分析的结论之上的，后半部分也没有什么可反驳的。[19]

我们惊讶地发现，这种无意识的负罪感倘若增强，会使人变成罪犯。事实无疑就是这样。许多罪犯，尤其是年轻人，在犯罪之前就已经表现出强烈的负罪感，也就是说，负罪感不是后果，而是动机——能够将无意识的负罪感与真实的、现实中发生的事情联系起来，对他们而言仿佛是一种解脱。

在所有这类情形中，超我展示了它相对于意识自我的独立性以及与无意识本我的紧密联系。现在我们已经知道自我中的前意识言语残留物的意义，这就引出了一个问题：如果超我是无意识的，那么它是否包含言语意象？如果它不包含言语意象，那么包含些什么？一个谨慎的回答是：超我不可能否认它起源于其所听到的内容，毕竟它是自我的一部分，并且仍然可以通过言语意象（概念、抽象）进入意识。但是，成为超我的内容的贯注能量并非来自听觉、教育或阅读，而是来自本我中的能量来源。

有一个问题我们迟迟没有回答：超我是如何从本质上表达为一种负罪感的（更好的说法是“表现为一种批评”，负罪感是自我中与这种批评相对应的感知）？与此同时，又是如何对自我展开如此不同寻常的严酷和严厉的？首先来看忧郁症，我们发现过度强大的超我已经控制了意识，以无情的暴力对待自我，仿佛用尽了这个人所有可用的施虐倾向。根据我们对施虐狂的了解，破坏性的成分先在超我中积累，然后转向自我。这样一来，统治着超我的就仿佛是一种纯粹的死之本能文化，如果自我不首先转变为狂躁来抵御超我这个暴君，超我就足以把自我推向灭亡。

在某些形式的强迫型神经症中，良心的责备同样令人尴尬和备受折磨，但具体情形尚不明确。值得注意的是，强迫症患者从未真正像忧郁症患者那样采取过自杀的步骤，他们对自杀的危险免疫，因此比癔症患者得到了更好的保护。我们知道，正是对客体的保存保证了自我的安全。在强迫型神经症中，退行回到前生殖期的组织形式有可能会让爱的冲动转化为对客体的攻击冲动。破坏本能再一次被释放并想要毁灭客体——或者至少看起来想要这样做。自我没有采纳这些倾向，而是通过反向形成和预防规则来抵抗它们，它们停留在本我中。然而，超我表现得好像自我对它们负有责任，同时通过追究毁灭意图的严肃态度向我们传达，这不是由退行引起的表面问题，而是一种真正的以恨取代爱的问题。在两边都不帮忙的情况下，自我徒劳地为自己辩护，抵抗着本我的凶残要求和良心的拷问。自我成功地抑制了两边的粗暴行为，却导致了无休止地对自己的折磨，并在后来发展出了对客体的系统性折磨。

个体使用各种方式应对危险的死之本能，有时将死之本能与色情成分混合而使前者变得无害，有时把死之本能作为攻击投向外部，但在大多数情况下，死之本能不受阻碍地在内部继续它的工作。那么在忧郁症中，超我是怎样将死之本能聚集在一起的呢？

从本能驱力的克制与道德的角度来看，我们可以说：本我是非常不道德的，自我努力成为道德的，超我则可以超越道德，然后表现得像本我一样残忍。奇怪的是，一个人越是限制他对外部的攻击性，其自我理想就变得越严格，越有攻击性。在普通人看来，事情似乎是相反的，即压抑攻击的动机来自自我理想的要求，但是，我们所说的才是事实：一个人越是控制他的攻击性，他的自我理想就越倾向于攻击他的自我。这就像一种转换，把方向转向了自我。即使是普通且正常的道德也具有严格限制和残酷禁止的特征，因此才有了这种概念：一种施以无情惩罚的更高的存在。

为了继续解释这些关系，我不得不引入一个新的假设。归根结底，超我是通过对父亲原型的认同而产生的。任何此类认同都有去性化甚至升华的特征。现在看来，这种转变中也发生了本能驱力分离。色情成分经过升华之后，不再有力量来约束附加的破坏，它们被释放出来，成为一种侵略和破坏的倾向。由于分离的发生，自我理想首次衍生出了命令式的“汝应”的强硬且残酷的特征。

让我们再短暂地回到强迫型神经症的话题上来。这一次，情况有所不同。攻击与爱的分离，不是自我的成就，而是本我之中发生的退行的结果。但是，这个过程已经从本我蔓延到了超我，于是现在，超我对无辜的自我越来越严厉。然而，不论是在强迫型神经症还是忧郁症中，自我都会通过认同来控制力比多，但是作为代价，自我也会受到超我混合在力比多之中的攻击性惩罚。

我们已经逐渐阐明了自我的概念，各种关系也逐渐清晰起来。我们也了解了自我的优点和缺点。自我被赋予了重要的功能，凭借与感知系统的关系，它建立了心灵过程的时间顺序，并对其进行现实检验。自我通过开启思维过程，推迟了运动的释放，与能动性建立了联系。最后一条并不是事实上的，而是形式上的。就行动而言，自我拥有立宪君主的地位——没有它的批准，法律就无法通过，但是它在否决议会的提案之前会仔细思考。自我用外在生活的一切经验丰富自身，本我则是自我努力想要征服的另一个外部世界。它从本我中提取出力比多，将本我的客体贯注转化成自我的形态。在超我的帮助下，自我以一种我们仍未完全理解的方式借鉴了在本我中积累的过去的经验。

本我中的内容可以通过两种方式进入自我。一种方式是直接的，另一种方式则需要通过自我理想的引导，有不少心灵活动都会固定地采取两种方式中的一种。自我的发展，是从感知本能发展到掌握本能，从服从本能发展到抑制本能。自我理想的一部分就是针对本我的本能驱力过程的反向形成，因此在自我的发展中起着重要作用。精神分析就是一种旨在使自我逐渐征服本我的工具。

不过，另一方面，自我也可以被看成一个可怜的家伙，它处于三种奴役之下——分别来自外部世界、本我的力比多和超我的严厉管教——并因此受到三种危险的威胁。这三种危险引发了三种焦虑，因为焦虑是逃避危险的表现。自我作为世界与本我的边界，想要对二者进行调解，使本我服从世界，并通过其肌肉动作使世界公正地满足本我的愿望。自我实际上表现得像分析治疗中的医生，它出于对现实世界的考虑，向本我自荐为力比多客体，希望将本我的力比多吸引到自己身上。自我不仅是本我的帮手，也是顺从的仆人，追求着主人的爱。在可能的情况下，它试图与本我保持一致，用前意识的理性化来粉饰本我的无意识的诫命，假装本我听从了现实的提醒。即使本我一直强硬且不屈不挠，它也会掩盖本我与现实的冲突，并在可能的情况下一并掩盖本我与超我的冲突。在本我与现实之间的位置上，自我经常受到奴性、机会主义和撒谎的诱惑，就像一个政客，尽管有着很好的洞察力，但仍然想维护自己的利益，赢取公众舆论的支持。

面对两种本能驱力，自我并非不偏不倚。通过认同和升华的工作，自我帮助本我中的死之本能克服性本能，但也因此冒着成为死之本能的客体以及死亡的风险。为了提供帮助，自我不得不让自己充满力比多，从而成为情欲的代表，由此想要活下去，想要被爱。

但是，自我的升华工作引起了本能驱力分离和超我中攻击本能的解放，它在与力比多的斗争中暴露在虐待和死亡的危险下。如果自我遭受或屈服于超我的侵略，它的命运会与原生生物的命运一模一样，死于自己分泌的分解产物。在我们看来，活跃在超我中的道德也是这样一种经济意义上的分解产物。

在自我的依赖性中，对超我的依赖可能是最有趣的。

自我是焦虑真正所在的地方。它受到三重危险的威胁，因此发展出了逃避反射（Flucht reflex），把贯注从威胁感知或本我中的同类过程中收回，把它们乔装成焦虑。这种原始反应后来被保护性的贯注所取代（恐惧症的机制）。自我究竟为何害怕外部或本我中的力比多威胁，是无法说明的。我们只知道它具有压倒性或毁灭性，但无法通过分析来掌控它。自我只是遵循着愉悦原则的警示。不过，由超我引发的焦虑（良心焦虑）背后隐藏的东西是可以说明的。成为自我理想的更高的存在曾经威胁要阉割自我，这种阉割焦虑可能就是后来的良心焦虑的核心，通过良心焦虑而延续了下来。

有一句话看似有理——每一种焦虑其实都是对死亡的焦虑——其实没有任何深意，而且在任何情况下都站不住脚。在我看来，应该将死亡焦虑与客体（真实的）焦虑或神经症的力比多焦虑进行区分。这句话给精神分析带来了严重的问题，因为死亡是一个带有消极内容的抽象概念，我们无法在无意识中找到与之对应的内容。死亡焦虑的机制只可能是自我在很大程度上释放了自恋力比多贯注，也就是放弃了自己，就像自我在焦虑时会放弃其他客体一样。我认为，死亡焦虑发生在自我和超我之间。

我们知道，在两种情况下会产生死亡焦虑——顺便说一下，这与其他形式的焦虑相当类似——一是对外在危险的反应，二是诸如忧郁症之类的内在过程。在这个问题上，神经症病例会再次帮助我们了解真实情况。

忧郁症患者的死亡焦虑只能有一种解释，即自我之所以放弃自己，是因为它感觉被超我憎恨和迫害，而不是被爱。对于自我来说，生命的同义词就是被爱，被代表着本我的超我所爱。超我承担了保护和解救的功能，这种功能此前由父亲承担，此后则由天意或命运承担。但是，当自我发现自己面临巨大的真实危险并认为无法克服时，它必然得出同样的结论。当它发现自己被所有的保护力量抛弃时，就会选择死去。顺便说一句，这种情形和出生后最初的强烈的焦虑状态，即婴儿与母亲这一保护角色分离时的眷恋—焦虑状态，是一样的。

综上所述，死亡焦虑和良心焦虑一样，都可以被理解为阉割焦虑的变体。考虑到负罪感对神经症患者而言的重要性，不可否认的是，重症患者的神经症性焦虑会因自我与超我之间的焦虑（阉割焦虑、良心焦虑、死亡焦虑）而加剧。

最后，让我们回到本我的话题上。本我无法向自我证明爱或恨。它无法表达自己想要什么，也不具备始终如一的愿望。在本我之中，情欲与死之本能不断争斗，我们已经听说过这两种本能是怎样互相对抗的。我们可以这样说，本我处于沉默而强大的死之本能的支配下，死之本能希望能够获得平静，并通过愉悦原则来使麻烦制造者——性本能——平息下来。不过，这种说法可能低估了情欲的作用。

【原注】

1. 参见《关于“无意识”概念的论述》。最近，有一种对无意识的批判值得我们注意。一些研究者虽然没有顽固到不肯承认精神分析的事实，但却不愿意接受无意识的概念；他们凭借一个无可争议的事实，自行创造了一套信息，认为意识——作为一种现象——本身就表现出很宽的强度或清晰度的变化范围。正如有些过程有着十分生动、醒目、强烈的意识，其他的一些过程只有微弱的、几乎感觉不到的意识，而其中最微弱的意识就是精神分析“不恰当地”用无意识一词来指代的。但是，这些最微弱的意识也是有意识的，或“在意识中”的，如果给予它们足够的注意，就能使它们足够充分和强烈，从而进入意识。

想要解决这类问题，要么依赖惯例，要么依赖情感时刻，这取决于论据的影响，需要注意以下几点：关于意识的不同清晰度，这种论述没有任何约束力，就像类似的命题一样没有证明力。比如“照明分为许多等级，从最耀眼、最刺眼的光到最暗淡的光，因此黑暗是不存在的”。又比如“生命力有不同的强度，因此死亡是不存在的”。这些命题可能在某些情况下有其意义，但事实证明，如果想要从中得出进一步的结论，就会出现错误，比如“因此人们不需点灯”，又比如“因此一切有机体都是不死的”。此外，将不可感知的内容归入意识中，除了会摧毁心理学中唯一的直接确定性，不会有其他收获。在我看来，存在一种我们一无所知的意识，比起存在一种无意识的心灵要荒谬得多。最后，将未被注意到的内容当作无意识的做法，显然是在没有考虑动力学关系的前提下进行的尝试，但动力学关系对精神分析概念具有决定性意义。有两个事实被忽视了：第一，对未被注意到的内容给予足够的注意是非常困难的，需要付出巨大的努力；第二，当这些内容被注意到后，也不会被意识所识别，而是会被当作陌生的内容，并被粗暴地拒绝。因此，认为无意识只是很少被注意到和没有被注意到的内容，只是一种偏见的结果；这种偏见简单地认定，精神生活等同于意识。

2. 参见《超越愉悦原则》。
3. 参阅《超越愉悦原则》。
4. 《无意识》（“Das Unbewußte”），载于《国际精神分析杂志》，第Ⅲ期，1915年。
5. G. 格罗代克，《本我之书》，国际精神分析出版社，1923年。
6. 格罗代克本人可能延续了尼采的用法，认为这种非个人的、自然存在于人类活动中的语法表达是普遍使用的。
7. 参见《论自恋》；《群体心理学与自我分析》。
8. 只是我把现实检验的功能分配给超我似乎有误，需要修正。现实检验的功能其实对应着自我与感知世界的关系。——早些时候我对自我的核心的陈述相当模糊，现在也一并修正：只有感知–意识系统才是自我的核心。
9. 参见《哀伤与忧郁》。
10. 在原始人当中有一个有趣的现象，与用认同来取代客体选择异曲同工：原始人认为，如果动物被当成食物吃掉了，该动物的特性将保留在吃它的人身上，并因此而产生了一些禁令。众所周知，这种信念成了吃人的理由，影响了一系列图腾餐的习俗，并延续到了圣餐。这是口欲期的客体控制的结果，也切合了后来的性客体选择。
11. 在引入自恋的概念后，在区分自我与本我后，我们必须知道，本我是力比多的大型储藏室。通过认同而流向自我的力比多，构成了“次级自恋”。
12. 也许将父母放在一起说更加准确，因为在对性别差异、阴茎缺失有一定认识之前，父亲和母亲的价值没有什么不同。我最近有机会了解到，一位年轻女性在注意到自己没有阴茎后，并不以为所有女性都没有这一器官，而只是认为地位低下的女性没有。她以为她的母亲是有阴茎的。为了简明地表述，我将只处理对父亲的认同问题。

13. 参见《群体心理学与自我分析》第Ⅶ节。

14. 科学和艺术被暂时放在一边。

15. 参见《群体心理学与自我分析》；《论嫉妒、偏执狂和同性恋中的一些神经症机制》。

16. 在我们看来，通过情欲的居中转介，外在的破坏本能已经从自己身上移开了。

17. 我们可以说，精神分析或元心理学中的自我，也像解剖学中的大脑小人图一样是上下颠倒的。

18. 与无意识的负罪感的障碍做斗争，对分析师来说并不容易。除了花时间揭开无意识被压抑的原因，使之逐渐转化为一种有意识的负罪感，我们没有其他直接或间接的方法。如果这种无意识负罪感是借用的，即通过认同于过去的某个色情贯注客体而得来的，就会有特殊的施加影响的机会。这种负罪感往往是一段难以被觉察的爱情关系被抛弃后的唯一残余。其与忧郁症过程的相似性是明确无误的。如果我们能够揭示无意识负罪感背后的旧日客体贯注，治疗任务往往能够出色完成，反之则不能保证效果。这主要取决于负罪感的强度；治疗经常无法产生同样强度的反作用力来抵消负罪感。或许，这也取决于分析师个人能否填充病人的自我理想的位置，这意味着分析师需要为病人扮演先知、灵魂的救赎者和救世主的角色。由于精神分析的规则严格禁止这样利用医生的人格，所以我们必须诚实地承认，这给分析设置了新的障碍，但这并不使病理反应变得不可能，而是要赋予病人的自我以自由，让其决定采用哪一种方式。

19. 这句话只是表面上的悖论；意思是说，人类的善与恶的本性都远超出了人们对自己的认识，即人们的自我通过意识感知所知道的东西。

重绘人类心灵地图的心理学大师

20世纪最具影响力的思想家之一

32次诺贝尔生理学或医学奖提名

被误读百年的精神分析之父

我不是真正的科学家，不是观察家，不是实验家，也不是思想家。我只是具有一种征服者的气质——如果更通俗易懂一点儿，就是一个冒险家——充满好奇、大胆，还有属于这类人物的那种韧性。

——弗洛伊德

1926年，70岁的弗洛伊德

一、勤奋学习的少年天才，对神经病学研究情有独钟

1856年5月6日，西格蒙德·弗洛伊德出生在奥地利帝国摩拉维亚（今属捷克共和国）的一个犹太家庭。他的父亲是一名羊毛商人，母亲是一位充满活力的女性。无条件的母爱是弗洛伊德建立自信的重要条件之一。

1859年，3岁的弗洛伊德随家人一同来到维也纳，在这里生活和工作了70多年。少年时的弗洛伊德展现出非凡的天资，他热爱古典文学，爱读莎士比亚和歌德的作品。他极为勤奋和专注，中学毕业时，他不仅成绩名列前茅，精通希腊语、拉丁语、德语和希伯来语，还学习了法语、英语等语言。当时，达尔文的学说改变了人类对自身和世界的认识，弗洛伊德也被其吸引，渴望理解其中的奥秘。他还对法律、哲学和人道主义有着浓厚的兴趣。

1866年，10岁的弗洛伊德和他父亲

1873年，弗洛伊德进入维也纳大学医学院学习。他在大学感受

到自己作为犹太人而受到的排挤，但这并未影响他的进取心，反而培养了他独立判断的能力。在大学期间，除了神经病学，弗洛伊德对医学的其他领域都不感兴趣，他并不愿意从医，由此他放松了对医学的学习，直到1881年他才获得医学博士学位。1876—1882年，弗洛伊德在当时的生理学权威恩斯特·布吕克的实验室开展研究工作，布吕克等人对待生命过程的观点影响了他。

1882年，弗洛伊德爱上了他妹妹的朋友玛莎·伯尼斯，这成了他人生的转折点。迫于经济压力，他决定放弃研究工作，转而在维也纳总医院担任实习医生，后来又进入神经病科工作。1885年，他被维也纳大学医学院任命为神经病理学讲师，同年前往巴黎深造。在著名的法国神经学家沙可的实验室里，关于癔症的研究激起了弗洛伊德对神经官能症的兴趣。1886年，弗洛伊德回到维也纳开设自己的诊所，作为神经病医师开始行医。同年他与玛莎结婚。

1885年，弗洛伊德在维也纳大学医学院从事神经病理学工作

二、勇敢的独立思考者，被孤立后创建精神分析学说

巴黎的精神病学界认为癔症患者的病因除了身体上的原因，也应该从精神上寻找解释，这深深地吸引了弗洛伊德，也是他的目标所在。弗洛伊德从巴黎回来后，向维也纳的医学协会做了一次汇报，描述了沙可治疗病人时所用的催眠实验，维也纳医学界对此却报以蔑视和嘲笑。遭到冷遇的弗洛伊德并不愿意让步。他展现了独立思考的能力和非凡的勇气，开始了自己独创性的工作。由此他被维也纳大学视为异己分子，实验室和医学协会将他拒之门外。

从19世纪90年代中期开始，弗洛伊德的生活几乎成了精神分析的发展史。他的创造性思维在与布洛伊尔的合作中爆发。1895年，两人合作出版《癔症研究》，首次确认了癔症是病人内心冲突引发的精神错乱。后来，弗洛伊德向医学协会宣读了其他几篇论文的研究成果，提出性在神经症中的作用，但同样遭到了怀疑和反对。布洛伊尔也与他产生了分歧，此后的10年，弗洛伊德几乎处于孤立状态。以至到1900年，《梦的解析》出版后，专业的精神病学杂志都未有评论。

但学术界的孤立让弗洛伊德有更多时间独立思考，他不去读任何出版物，也不去倾听反对者的声音，而是带着激情与韧性在心理学未知的领域不断深入。在此期间，一些学生走到了弗洛伊德身边，他们定期举行集会，对精神分析这一新领域进行探讨，其中包括阿德勒。这个团体被称为“星期三心理学研究小组”，也就是后来的“维也纳精神分析协会”。

1906年，瑞士的荣格开始与弗洛伊德通信，维也纳之外的一些人开始关注和承认精神分析。1908年，随着第一届国际精神分析大会在萨尔茨堡召开，弗洛伊德的学说开始走向更多国家。之后，第一次世界大战带来的冲击更使得精神分析学渗透到与人类的精神生活有关的所有学科中。弗洛伊德说：“我是一个局外人，一个在反闪米特的维也纳被隔离的犹太人。但我勇敢无畏地与保守医学做斗争，希望我的发现能造福人道精神。”

1924年，弗洛伊德登上《时代》周刊封面

三、信仰理性的启蒙时代后裔，却推翻了“理性人”的观念

犹太传统中的理性传统和启蒙时代所强调的理性精神，在弗洛伊德身上留下了深刻的影响。正如人本主义精神分析学家弗洛姆所说，弗洛伊德一生坚信理性的力量，在弗洛伊德看来，理性是可以减少人生固有痛苦的唯一一种人性的能力，只有用它才能理解生活的意义。

虽然弗洛伊德表达过用理性征服情感的信条，但是生活中的他为自己戴上了一副令人捉摸不定的面具。他具有拘谨、克制的个性，非常不愿意展示自己的内心；他敢于想象、冒险，却也过于敏感、倔强，带有强迫性特征。作为一名精神分析师，在面对患者展现的脆弱面时，他常怀有宽容的态度，但对于整个人类，他又是漠然的。他对自己同样是冷漠无情的，在维也纳生活的70多年，他有40多年居住在同一所公寓里。他如同一台机器一样，从不失灵地忙于工作。他从不劝说他的读者接受自己的观点，但是对自己的合作者和追随者，他的态度则是严苛的，他不容许有反对的声音。这也导致了他与布洛伊尔、阿德勒、荣格等人的关系破裂。此外，虽然他工作中的研究对象是爱，但除了早期追求他的妻子玛莎时展现的热情，他在生活中缺乏对爱的表达。

世界大战更是对理性力量的检验，弗洛伊德也在战争中损失惨重。然而他依然没有放弃对理性的信仰，他把希望放在了“杰出人物”的独裁统治上，认为他们可以支配和控制懒散的大众。

结果他却见证了希特勒领导的纳粹对待犹太人的残酷。1938年，82岁的弗洛伊德因为纳粹迫害而流亡英国伦敦。

弗洛伊德不可避免地陷入了悲剧性的矛盾中。在晚年，他对理性的态度有了变化，他依旧为人类保留了一些希望，认为理智的声音虽然很轻，但并非可望而不可即。

1920年，弗洛伊德（第一排中）与同行在“一战”后举行的第一次国际精神分析大会上

四、人类心灵的捕手，帮助人们打开心灵世界的深层大门

一直以来，弗洛伊德对人类的心灵有着强烈的兴趣，在他的思想中，人类的心灵是可以被透视的，人类的心灵是自然的一部分，并根据自然规律发生作用。在他绘制的人类心灵地图上，“无意识”成了精神分析的专门术语，被赋予了新的含义。他指出，所有的心灵活动首先是无意识的活动，无意识是其深层基础。由此，他帮人们打开了心灵世界的深层大门。

弗洛伊德之前的心理学认为无意识是被动的，对人类此刻的活动没有影响。但弗洛伊德认为，无意识是心灵生活的原材料，主动且活跃。在人的心灵深处，是无意识造就了内在的紧张关系。人的一生都处在无意识的压力之下，人的心灵生活则是有意识和无意识之间持续不断的较量。除了这样的二元对立，他还指出心理活动是动态的，存在着两个或三个心理系统。在无意识系统与意识系统之间还存在着前意识系统，只有在一定条件下，前意识才能成为意识。由此，他在捕捉人类心灵活动的同时，也绘制了人类的心灵地图。

20世纪20年代早期，弗洛伊德对他的精神分析理论做了大量修订。其中，《自我与本我》一文为新的自我心理学奠定了基础，他构想出一种新的心灵模式，一种新的三分法，即自我、本我和超我。这三者中，本我是心灵中最古老的部分，由本能所构成，所以他说心灵出于本能而盲目地渴望着，其他的心理结构则都由本我而来。弗洛伊德对个人心灵的研究，无疑拯救了那个时代人们的内在

意志。他将内在的生活中心再次具象化，让每一个具体的人都看见自己无法复制的心灵世界。他让人们重新对个性怀有敬畏之心，认识到个性为每个人的心灵带来独一无二的价值。这一点也被现代意识吸收，世界也因此多了一层宽容。

1939年9月，弗洛伊德在伦敦去世。正如美国心理史学家E. G. 波林所说，弗洛伊德是一个思想领域的开拓者，思考着用一种新的方法了解人性；他忠于自己的基本信念，辛勤工作了50年；同时他对自己的观念体系不惮修改，以使其趋于成熟，为人类的知识宝库添砖加瓦。

1922年，弗洛伊德和他的孙子

参考文献

［1］弗洛姆. 弗洛伊德的使命：对弗洛伊德的个性和影响的分析 [M]. 尚新建译，王炜校. 北京：生活·读书·新知三联书店，1986年.

［2］茨威格. 精神疗法：梅斯默尔、玛丽·贝克–艾迪、弗洛伊德传 [M]. 沈锡良译. 上海：上海人民出版社，2007年.

［3］斯托尔. 弗洛伊德与精神分析 [M]. 尹莉译. 北京：外语教学与研究出版社，2008年.

［4］瑟齐韦尔. 导读弗洛伊德 [M]. 李新雨译. 重庆：重庆大学出版社，2015年.

［5］波林. 实验心理学史 [M]. 高觉敷译. 北京：商务印书馆，1981年.

［6］琼斯. 弗洛伊德传 [M]. 张洪量译. 北京：中央编译出版社，2018年.

弗洛伊德精神分析理论发展简史

精神分析理论起始时期
（1890—1899）

1895年
《癔症研究》
提出“压抑”概念

1896年
首次提出“精神分析”一词

精神分析理论形成时期
（1900—1909）

1900年
《梦的解析》
提出“梦是对欲望的满足”、无意识理论

1904年
《日常生活心理病理学》
用动力心理学解释日常生活中的遗忘、口误、笔误、失误行为等现象

1905年
《诙谐及其与无意识的关系》
研究无意识动机的表现方式

《性学三论》
首次阐释“力比多”概念

精神分析学派出现分裂时期
（1910—1919）

1917年《精神分析引论》——系统介绍精神分析

精神分析理论成熟时期
（1920—1929）

1923年《自我与本我》——提出人格结构理论

精神分析理论巅峰时期
（1930—1939）

1932年《精神分析引论新编》——进一步深化梦、焦虑、本能等概念

读客®三颗钻人类思想文库

本本都有专家伴读，伴你啃透社科名著！

欢迎您从《自我与本我（专家伴读版）》走进读客三颗钻人类思想文库

亲爱的读者，感谢您选择读客三颗钻人类思想文库。

文库收录政治学、心理学、社会学等社科领域名家名著，汇聚人类文明进程中的重大议题——

▽ 马基雅维利《君主论》：道德和政治之间有什么关系？

▽ 卢梭《社会契约论》：个人利益和集体利益哪个更重要？

▽ 弗雷泽《金枝》：人类的思维是如何发展和进化的？

▽ 弗洛伊德《自我与本我》：自我和本我哪一个才是真正的我？

▽ 阿德勒《理解人性》：人性的本质是什么？

…………

针对经典社科啃不动、读不懂等问题，推出三颗钻专家伴读版！

文库里的每一本书，都会邀请知名专家学者，定制专家伴读，解析创作背景、厘清重要概念、勘误过时观点，伴您从头读到尾！

封面统一使用“三颗钻”的设计，您可以凭借晶莹剔透的“三颗钻”找到我们，探索那些曾经改变人类文明的伟大思想。

啃透社科经典，就读三颗钻专家伴读版！